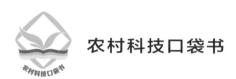

农村科技口袋书

主要人工林高效培育新技术

中国农村技术开发中心　编著

中国农业科学技术出版社

图书在版编目（CIP）数据

主要人工林高效培育新技术 / 中国农村技术开发中心编著 . -- 北京：中国农业科学技术出版社，2022.9

　　ISBN　978-7-5116-5888-3

Ⅰ . ①主… 　Ⅱ . ①中… 　Ⅲ . ①人工林—造林 　Ⅳ . ① S725.7

中国版本图书馆 CIP 数据核字（2022）第 157332 号

责任编辑	史咏竹
责任校对	李向荣　贾若妍
责任印制	姜义伟　王思文

出 版 者	中国农业科学技术出版社
	北京市中关村南大街 12 号　邮编：100081
电　　话	（010）82105169（编辑室）
	（010）82109702（发行部）
	（010）82109709（读者服务部）
网　　址	http://www.castp.cn
经　　销	各地新华书店
印　　刷	北京地大彩印有限公司
开　　本	145 mm×210 mm　1/32
印　　张	8.75
字　　数	220 千字
版　　次	2022 年 9 月第 1 版　2022 年 9 月第 1 次印刷
定　　价	29.80 元

《主要人工林高效培育新技术》

编著委员会

主　　任：邓小明

副 主 任：张　辉　　卢兵友　　储富祥

成　　员：董　文　　张建国　　范少辉　　王军辉　　张方秋

王振忠　　鲁　淼　　胡　盼

主　　编：董　文　　尹昌君

副 主 编：丁昌俊　　陈东升　　王振忠　　鲁　淼

编 著 者（按姓氏笔画排序）：

丁贵杰	于新文	马庆国	王红玲	王志超
王青华	毛秀红	文仕知	方升佐	邓　广
邓湘雯	叶义全	兰再平	邢艳秋	任立宁
任利利	刘　勇	刘小金	刘爱琴	安　宁
许业洲	孙海龙	苏晓华	苏晓慧	杜阿朋
李　云	李　悦	李凤日	李金花	杨立学
杨廷栋	杨章旗	吴立潮	吴宗兴	吴鹏飞
何沙娥	何波祥	辛培尧	沈海龙	宋小军
迟德富	张　振	张　鹏	张永安	张守攻
张志东	张怀清	张金旺	张晓丽	陆秀君
陈　虎	陈少雄	陈代喜	陈尔学	陈健波
范辉华	林开敏	欧阳林男	罗建中	季孔庶

周志春	周宏平	宗世祥	赵曦阳	荀守华
茹 煜	俞元春	俞琳锋	骆有庆	徐 敏
徐大平	徐建民	徐清乾	郭文冰	郭忠玲
郭俊杰	黄 振	黄选瑞	黄桂华	曹 林
曹邦华	曹光球	常德龙	麻文俊	康向阳
章 挺	梁坤南	梁德军	彭祚登	董玉峰
董利虎	辜云杰	焦如珍	曾 杰	曾平生
蔡守平	熊 涛	樊莉丽	潘 文	

前　言

PREFACE

　　"十三五"国家重点研发计划"林业资源培育及高效利用技术创新"重点专项（以下简称林业专项）是农业领域首批启动的重点专项之一。林业专项紧紧围绕我国当前林业资源培育和利用所面临的重大战略需求，以提高人工林生产力和资源加工利用水平为目标，按照主要人工林高效培育和加工利用基础研究、关键技术研究和集成示范"全链条设计、一体化实施"的思路，布局项目 26 个，投入总经费 8.32 亿元。

　　其中，人工林高效培育领域部署了"杉木高效培育技术研究""杨树工业资源材高效培育技术研究""桉树高效培育技术研究""落叶松高效培育技术研究""马尾松高效培育技术研究""油松等速生用材树种高效培育技术研究""北方主要珍贵用材树种高效培育技术研究""南方主要珍贵用材树种高效培育技术研究""人工林资源监测关键技术研究""人工林重大灾害防控关键技术研究""重点区域速丰林丰产增效技术集成与示范""珍贵树种定向培育和增值加工技术集成与示范"等项目和课题。

　　"十三五"收官之际，为将已经获得第三方成果评价和新产品鉴定的最新科技成果及时向社会发布，支撑行业发展和地方需求，中国农村技术开发中心组织林业专项总体专家组、中国林业科学研究院林业研究所、中国林业科学研究院亚热带林业研究所、中国林业科学研究院热带林业研究所、中国林业科学研究院速生树木研究所、中国林业科学研究院资源信息研究所、北京林业大学、东北林业大学、福建农林大学、中南林业科技大学等项目牵头单位，在各主要成果完成人的大力配合下，按照主要用材林良种、种苗繁育技术、高效培育技术、资源监测与灾害防控4个板块，优选出人工林高效培育新技术、新装备和良种等101项成果。希望这些成果能够对提高我国主要人工林生产力水平，保障国家木材安全，满足人民对美好生活的需求提供有效科技支撑。

编著者
2022 年 9 月

目　录

CONTENTS

第一篇　主要用材林良种

第二篇　种苗繁育技术

第三篇 高效培育技术

第四篇　资源监测与灾害防控

第一篇
主要用材林良种

'渤丰 3 号'杨

　　'渤丰 3 号'杨（*Populus* ×*euramaricana* 'Bofeng 3 hao'）是针对短轮伐期优良纸浆树种缺乏而精心设计的杂交组合，按生态育种原则育成的适合我国环渤海等地区的速生优质型欧美杨新品种。其母本为'河南 65 号'杨（*P. deltoides* cl. '55/65' × *P. deltoides* cl. '2KEN8'），为北方型美洲黑杨。父本为欧洲黑杨种内聚合杂种（*P. nigra* 'Brummen' × *P. nigra* 'Piccarolo'），是荷兰利用本国 *P. nigra* 'Brummen' 与意大利引进的南欧型 *P. nigra* 'Piccarolo' 杂交选育成的聚合型欧洲黑杨优良种质。2015 年获植物新品种权（品种权号：20150125），2017 年通过国家林木良种审定（良种编号：国 S-SV-PE-003-2017）。

良种特征与指标

　　'渤丰 3 号'杨具有典型欧美杨形态特征，雌株败育，树干通直，窄冠，适于北方地区纤维材和大径材工业用材林集约栽培。该良种从造林第三年进入速生期，直到第八年期间，年径生长量均超过 3.50 cm；在年最低温 −25℃和高温 42℃情况下未出现伤害，可在含盐量 0.20% 以下土壤生长，在瘠薄沙地种植生长良好。制浆性能好、纸浆得率高、浆纸物理强度好（松厚度 2.76 cm³/g、耐破指数 0.47 kPa·m²/g、撕裂指数 2.96 mN·m²/g、伸长率 0.84%、裂断长

1.39 km ）、白度可达 85% ISO，可满足中高档纸和纸板的使用。

'渤丰 3 号'杨 8 年生大树　　　辽宁锦州'渤丰 3 号'杨试验示范林

推广应用适生区与前景

　　适宜推广范围为山东日照以北至辽宁锦州以南地区。在平原沙性土壤上生长良好。可作为适宜栽培区域速生丰产林、农田防护及"四旁"［路旁、水（渠）旁、村旁和宅旁］绿化换代良种，经济社会生态价值巨大，应用前景广阔。

成果来源："杨树工业资源材高效培育技术研究"项目

联系单位：中国林业科学研究院林业研究所

通信地址：北京市海淀区香山路东小府 1 号

邮　　编：100091

联 系 人：丁昌俊

电　　话：13581996158

详细信息可查询：http://rif.caf.ac.cn/MedicalInstrumentCertDetail.aspx?ItemID=88

'秦白杨 3 号' 杨

良种背景

'秦白杨 3 号'［*Populus alba* × (*P. alba* × *P. glandulosa*) 'Qinbaiyang 3'］是针对白杨派杨树材质优良，园林观赏价值大，抗逆性强，但生长较慢，绝大多数种（品种）扦插育苗成活率很低的问题，通过组配 'I-101'（意大利银白杨，*P. alba*）× '84K'（南韩银腺杨，*P. alba* × *P. glandulosa* cv. '84K'）杂交组合，经过生长、插穗育苗成活率、抗逆性、适应性等多指标评估，选育出的速生且扦插成活率高的白杨新品种。2016 年获植物新品种权（品种权号：20160185），2018 年通过国家林木良种审定（良种编号：国 S-SV-PA-005-2018）。

良种特征与指标

'秦白杨 3 号' 杨为雄株，树体高大，主干通直圆满，顶端优势强，生长迅速，无性繁殖容易，抗逆性强，适应范围广，无飞絮环境污染，是新一代环保型速生工业用材品种。陕西省周至县渭河试验站 10 年生对比试验林中，'秦白杨 3 号' 杨平均树高 17.69 m、胸径 20.57 cm、材积 0.25 m³，材积生长量比当地主栽毛白杨优良无性系 30 号高 138.8%。该良种易繁殖，用 1 年生苗干作插穗扦插育苗，成苗率可达 80% 以上。

推广应用适生区与前景

目前已在陕西省西安市、宝鸡市、商洛市、彬州市等地累计推广苗木 500 万株以上。适宜在陕西省及周边相似气候区推广应用。

陕西省周至县渭河试验站'秦白杨 3 号'杨试验林

陕西省良种繁育中心（眉县）'秦白杨 3 号'杨育苗

成果来源：	"杨树工业资源材高效培育技术研究"项目
联系单位：	西北农林科技大学林学院
通信地址：	陕西省咸阳市杨陵区邠城路 3 号林学院
邮　　编：	712100
联 系 人：	樊军锋
电　　话：	13609259021

'欧美杨2012'杨

良种背景

'欧美杨2012'杨（*Populus × euramericana* cv. 'Por'）是由中国林业科学研究院林业研究所从意大利杨树研究所引进，依照系统选育程序开展引种和区域化试验后选育的工业用材林栽培优良品种。2020年通过国家林木良种审定（良种编号：国S-ETS-PE-002-2020）。

良种特征与指标

'欧美杨2012'杨为雌株，飞絮少；树体高大，主干通直圆满，冠窄，分枝角度小，侧枝细弱，易修剪，适于成片造林，也适于农林复合经营团状造林。无性繁殖容易，插条易成活，造林成活率达90%以上。早期速生，在河北省唐山市，9年生平均胸径31.5 cm，材积1.65 m³，分别超过'欧美杨107'杨38%和75%。木材材性优良，6年生木材纤维长度1 080 μm，长宽比24.4，综纤维素含量83.97%，1% NaOH抽提物21.66%；基本密度0.33 g/cm³，气干密度0.39 g/cm³，顺纹抗压强度35.4 MPa，端面强度3 517.4 N，弦面强度1 983.34 N，径面强度2 118.76 N，抗弯强度66.45 MPa，是纸浆材、胶合板材等工业用材的好原料。

河北省魏县 6 年生　　　　　　　　山东省宁阳县 5 年生

杨树品种对比试验林中'欧美杨 2012'杨大树

推广应用适生区与前景

　　适宜于以华北平原为主的地区以及黄河中下游和淮河流域栽培，已在河北、山东等省欧美杨适宜栽培区域大面积应用推广，取得了显著的社会、经济和生态效益。

成果来源："杨树工业资源材高效培育技术研究"项目

联系单位：中国林业科学研究院林业研究所

通信地址：北京市海淀区香山路东小府 1 号

邮　　编：100091

联 系 人：李金花

电　　话：13810631908

详细信息可查询：http://rif.caf.ac.cn/MedicalInstrumentCertDetail.aspx?ItemID=30

'辽丰 1 号' 落叶松

良种背景

'辽丰 1 号'落叶松（Larix kaempferi × L. olgensis '18-10' 'Liao-feng 1'）是以辽宁大孤家日本落叶松种子园优良亲本'日永 8'为母本、哈达长白落叶松种子园优良亲本混合花粉为父本，利用人工控制授粉获得的优良无性系，其生长、木材品质、生根性状优良，2019 年通过辽宁省林木良种认定（良种编号：辽 R-SC-LKO-018-2019）。

良种特征与指标

'辽丰 1 号'落叶松易扦插，生根率可达 95% 以上。速生丰产，树冠塔形，树干通直，尖削度小；树皮褐色，块装深裂，鳞片状剥落；枝细平展，干材率高，16 年生树高、胸径和材积均值分别为 18.33 m、19.23 cm 和 0.27 m^3；与实生对照苗和群体平均水平相比，遗传增益分别达到 235.27% 和 76.26%。

推广应用适生区与前景

适宜推广种植范围为东北地区温带低山丘陵区，填补了温带低山丘陵区落叶松杂种无性系良种的空白，对于该区域速生丰产林营造具有重要价值，应用前景广阔。

成果来源："落叶松高效培育技术研究"项目

联系单位：中国林业科学研究院林业研究所

通信地址：北京市海淀区香山路东小府 1 号

邮　　编：100091

联 系 人：陈东升

电　　话：13716052536

'JZSD04' 杉木

良种背景

'JZSD04' 杉木（*Cunninghamia lanceolata* 'JZSD 04'）为湖南省林业科学院选育出的杉木第三代优良半同胞家系，母本来源于会同全同胞优良家系 01 中选出的优树。2018 年通过湖南省林木良种审定（良种编号：湘 S-SC-CL-025-2018）。

良种特征与指标

'JZSD04' 主干发达，顶端优势明显，极少分叉，树冠分枝层明显，幼年期树冠呈尖塔形，成年树冠近卵形。对湖南省靖州苗族侗族自治县、资兴市、岳阳县 3 个区试点 16 年生的试验林生长调查和木材测定，'JZSD04'（半同胞家系）在立地指数 20 条件下，平均树高 19.5 m，胸径 22.3 cm，单株材积 0.38 m^3，分别高于当地生产对照 10.8%、13.8% 和 41.4%；木材基本密度 0.33 g/cm^3，红心率 76.5%，是优质的家具用材和装饰用材良种。

推广应用适生区与前景

在湖南省可作为培育优质大径材人工林良种大力推广，经济、社会、生态效益巨大。目前专用红心杉良种供不应求，应用前景广阔。

成果来源："杉木高效培育技术研究"项目

联系单位：湖南省林业科学院

通信地址：湖南省长沙市天心区韶山南路658号

邮　　编：410004

联 系 人：徐清乾

电　　话：13687399824

详细信息可查询：www.zixing.gov.cn/zwgk/zzjg/bumen/bm18/sub3/content_2904095.html

'GEDF1-008' 邓恩桉家系

良种背景

'GEDF1-008' 邓恩桉家系（*Eucalyptus dunnii* 'GEDF1-008'）是从澳大利亚科工组织林业与林产品中心下属的种子中心引进，分别在广西壮族自治区沙塘林场、环江毛南族自治县华山林场和桂林市林业科学研究所建立家系试验林，经过连年监测调查，筛选出的耐寒力强、生长速度快、抗病能力强的优良家系，2020 年通过广西壮族自治区林木良种审定（良种编号：桂 S-SF-ED-020-2020）。

良种特征与指标

'GEDF1-008' 邓恩桉家系具有生长迅速，干形通直圆满，分枝细小，冠形窄，及耐寒力强等特点。在速生期年平均树高生长 4 ～ 5 m，年平均胸径生长 3 ～ 4 cm；29 年生时家系平均胸径 43 cm，平均树高 35 m，比普通家系分别高 18.0% 和 12.0%；可耐 -7℃ 低温。可作为纸浆材和中大径材培育的优良家系。

推广应用适生区与前景

邓恩桉喜夏雨型气候，可在四川盆地，贵州、云南、湖南与江西中南部，以及广西（广西壮族自治区，全书简称广西）、广东中北部等华南冷凉地区推广种植。

成果来源："桉树高效培育技术研究"项目

联系单位：广西壮族自治区林业科学研究院

通信地址：广西南宁市西乡塘区邕武路 23 号

邮　　编：530002

联 系 人：陈建波

电　　话：0771-2319865

详细信息可查询：http://www.bjljs.com.cn/sf_FE6B08E305D748298DECEEECA7
　　　　　　　　61B40C_264_gxzm.html

'皖抗 6 号'马尾松

　　'皖抗 6 号'（*Pinus massoniana* 'Wankang 6'）是针对我国松材线虫病传播面积日益扩大，马尾松感病枯死数量日益增长的严峻形势，按照生态育种原则，通过抗性筛选、抗性验证以及适应性等综合评价，育成的适合在安徽省淮河以南松材线虫病疫区栽植的马尾松优良无性系。2020 年通过安徽省林木良种审定（良种编号：皖 S-SC-PM-006-2020）。

10 年生'皖抗 6 号'马尾松无性系

良种特征与指标

　　'皖抗 6 号'马尾松无性系对松材线虫病具有较强的抗病性，比普通马尾松发病率减少 70.3%。干形通直，速生丰产性好，10 年生平均树高、胸径和单株材积分别为 6.4 m、17.1 cm 和 0.08 m³，比种子园总体平均值分别提高 12.3%、23.9% 和 65.9%。

推广应用适生区与前景

　　适于在安徽省淮河以南松材线虫病疫区种植，应用前景广阔。

'皖抗 6 号'马尾松球果

12 年生'皖抗 6 号'马尾松无性系造林全景图

成果来源：“马尾松高效培育技术研究”项目

联系单位：安徽省林业科学研究院

通信地址：安徽省合肥市黄山路 68-1 号

邮　　编：230000

联 系 人：徐六一

电　　话：13856910135

'云林 1 号'思茅松优良家系

良种背景

'云林 1 号'思茅松优良家系（*Pinus kesiya* var. *langbianensis* 'Yunlin 1'）是从西双版纳傣族自治州（以下简称西双版纳）景洪市、普洱市景谷傣族彝族自治县（以下简称景谷）和思茅区 3 地营建的思茅松半同胞家系区域化试验林中综合选育而成。2018 年通过云南省林木良种审定（良种编号：云 S-SF-PK-001-2018）。

良种特征与指标

'云林 1 号'思茅松优良家系物候和适应性与思茅松无差异，但速生特性突出。在洪景市普文镇试验点，28 年生树高 32.6 m，胸径 38.7 cm，单株材积 1.81 m³，比当地主栽品种分别增加 17.2%、54.9% 和 175.8%；在景谷试验点，16 年生树高 24.0 m，胸径 26.2 cm，单株材积 0.63 m³，较当地主栽品种分别增加 1.6%、24.1% 和 55.8%。

推广应用适生区与前景

适宜于普洱市、西双版纳及气候立地相似地区，具体为海拔 700 ~ 1 700 m、年均温 17 ~ 22℃、年降水量 ≥ 1 000 mm、≥ 10℃ 活动积温 5 500 ~ 8 000℃的地区。具有较高的社会、经济和生态效益，应用前景广阔。

成果来源："油松等速生用材树种高效培育技术研究"项目
联系单位：云南省林业和草原科学院
通信地址：云南省昆明市盘龙区蓝桉路 2 号
邮　　编：650221
联 系 人：孟梦
电　　话：13529359753
电子邮箱：ynkmmeng@126.com
详细信息可查询：http://www.ynforestry-tec.com/Article/Show/918.html

'中林 1 号'楸树

良种背景

楸树（*Catalpa bungei* C. A. Mey.）适应性强、分布范围广，是我国传统栽培的优质珍贵用材树种和著名的园林观赏树种。随着我国乡土珍贵用材林的快速发展，对楸树良种的需求更加旺盛。'中林 1 号'楸树（*Catalpa bungei* 'Zhonglin 1'）是针对我国黄河中下游平原区水热资源丰富的生态条件，运用杂交育种手段创制，通过多级选择与生产验证选育而成的速生优质良种，于 2019 年通过国家林木良种审定（良种编号：国 S–SC–CB–011–2019）。

良种特征与指标

'中林 1 号'楸树

'中林 1 号'是属于楸树种内杂交子代，其母本和父本均是收集的天然优树无性系。'中林 1 号'为落叶高大乔木，主干通直，树冠呈卵形；侧枝分枝角小，顶端优势明显，一年生枝黄绿色，二年生枝褐色；树皮灰色，条状纵裂。该品种在幼龄期即表现出速生性，且随着林龄的不断增大，生长优势越明显。在西北地区胸径年生长量 1.2 cm 以上，在华中地区胸径年生长量 3 cm 以上。木材气干密度为 0.40 g/cm^3，基本密度为 0.37 g/cm^3，木材体积干缩系数为 0.38%，抗压强度、抗弯强度和抗弯弹性模量分别为 17.3 MPa、48.1 MPa、4857.5 MPa，是优良的用材林品种。

推广应用适生区与前景

　　适宜在年降水量为 400 ～ 600 mm、光照充足、年均温度中等的平原、沟谷、洲滩和低山丘陵栽培，可广泛应用于河南、山东、安徽、江苏、甘肃、陕西等省的国家储备林工程、防护林工程、"四旁"植树、城镇绿化工程等，生态和经济效益潜力巨大。

'中林 1 号' 楸树试验林

成果来源："北方主要珍贵用材树种高效培育技术研究"项目	
联系单位：中国林业科学研究院林业研究所	
通信地址：北京市海淀区香山路东小府 1 号	
邮　　编：100091	
联 系 人：麻文俊	
电　　话：18600386560	
电子邮箱：mwjlx.163@163.com	

白桦草河口种源

良种背景

白桦（*Betula platyphylla*）是我国北方重要的珍贵阔叶用材树种之一。经过多年多点的种源试验，以速生、优质为目标选育出了白桦草河口种源良种，于2020年通过国家林木良种审定（良种编号：国S-SP-BP-004-2019）。

良种特征与指标

以定植于黑龙江省尚志市帽儿山实验林场、辽宁省本溪市山城实验林场与内蒙古金河林业局的白桦种源试验林为对象，通过18个种源16年生树高、胸径、材积生长量以及总碳汇量等性状评价选育而成。该种源良种树干通直，在黑龙江省帽儿山试验点的树高、胸径、材积生长及总碳储量较对照分别高5.2%、14.8%、32.82%及68.20%。

推广应用适生区与前景

在吉林省吉林市、蛟河市等地推广白桦种子园种子，育苗150余万株，营造试验示范林1 000余亩（1亩≈667 m²，全书同），成活率92%，生长量高于本地白桦品种11%。适宜于松花江以南的东北中东部地区种植。

白桦草河口种源 16 年生试验林

成果来源："北方主要珍贵用材树种高效培育技术研究"项目

联系单位：东北林业大学

通信地址：黑龙江省哈尔滨市香坊区和兴路 26 号

邮　　编：150040

联 系 人：刘桂丰

电　　话：15331941834

'W010'红皮云杉家系

良种背景

红皮云杉（*Picea koraiensis*）是我国北方重要的造林树种，木材材质轻软、纤维长，是造纸的良好原料。2016年对黑龙江省林口县青山林场、宁安市江山娇林场和尚志市苇河林业局的红皮云杉优树子代测定林家系进行树高、胸径和材积综合评价，选育出在3个地点均表现优良和稳定的家系'W010'，于2018年通过黑龙江省林木良种审定（良种编号：黑 S–SF–PK–058–2018）。

良种特征与指标

18年生红皮云杉子代测定林优良家系'W010'的树高、胸径和材积分别为 5.08 m、6.23 cm 和 0.01 m^3，平均遗传增益分别为 58.05%、46.13% 和 119.71%。适应性较强，树干通直，塔形，顶端优势明显，冠幅中等，分支角较大，速生优质，耐水湿、耐寒冷、耐贫瘠，抗病、抗鼠害能力强。可做用材林、纸浆造纸、纤维工业原料。

推广应用适生区与前景

已在黑龙江省嫩江县、林口县等地示范推广面积千余亩，适宜于黑龙江、吉林、辽宁及内蒙古（内蒙古自治区，全书简称内蒙古）东部红皮云杉适生区种植。

成果来源："北方主要珍贵用材树种高效培育技术研究"项目
联系单位：中国林业科学研究院林业研究所
通信地址：北京市海淀区香山路东小府 1 号
邮　　编：100091
联 系 人：王军辉
电　　话：13671255827
电子邮箱：wangjh@caf.ac.cn

'热林 7029' 柚木

良种背景

针对我国柚木（*Tectona grandis*）良种缺乏的现状，在广东、海南、云南、广西和贵州等省（区）开展了柚木无性系的区域性试验以及苗圃生长、光合和水肥利用效率等综合评价，筛选出多点生长表现优异、综合性状优良的无性系'热林 7029'（*Tectona grandis* 'Relin 7029'），该无性系来自海南省乐东县尖峰岭柚木国际地理种源试验林的印度优良种源，于 2018 年通过国家林木良种审定（良种编号：国 S-ETS-TG-002-2017）。

良种特征与指标

'热林 7029'早期生长快，材积增长显著，在云南、广东和海南等地的树高、胸径和单株材积分别比试验林平均值提高 12.9% ～ 22.5%、13.0% ～ 31.8% 和 37.3% ～ 93.0%。11 年生平均树高 12.69 m，平均胸径 17.37 cm，平均单株材积 0.20 m^3，每亩蓄积量 13.0 m^3，比对照分别提高 9.21%、18.73%、45.36% 和 59.20%。17 年生树干木材的基本密度、静曲强度、抗弯弹性模量、冲击韧性、顺纹抗压强度比 27 年生的缅甸种源分别提高 15.6%、86.9%、31.1%、26.5% 和 19.7%。

推广应用适生区与前景

适宜种植区域包括广东南部、海南，以及云南西双版纳的勐腊、红河哈尼族彝族自治州（以下简称红河）的河口瑶族自治县和金平苗族瑶族自治县、普洱市的景谷傣族彝族自治县。可在年降水量不低于 900 mm，一年有 3 ～ 5 个月的明显干季（月累计降水量小于 50 mm），年平均温度 22 ～ 27℃，极端最低温度不低于 5.0℃的地区推广。

云南景谷 9 年生‘热林 7029’无性系

成果来源："南方主要珍贵用材树种高效培育技术研究"项目
联系单位：中国林业科学研究院热带林业研究所
通信地址：广东省广州市天河区广汕一路 682 号
邮　　编：510520
联 系 人：黄桂华、梁坤南
电　　话：020-87032929
详细信息可查询：http://ritf.caf.ac.cn/info/1045/2393.htm

西南桦广西凭祥种源

良种背景

　　针对我国西南桦（*Betula alnoides*）人工林良种缺乏的现状，以速生、优质、高抗、广适生性为选育目标，基于大规模种质资源收集，在云南、广西、广东、福建等省（区）经过近1个轮伐期的试验测定，依据胸径、树高、枝下高、冠幅、干形、冠形、分枝以及材性性状综合选择获得了西南桦广西凭祥种源，于2020年通过国家林木良种审定（良种编号：国 S-SP-BA-09-2019）。

良种特征与指标

　　该良种干形通直、速生、抗性强，具有较强的耐干旱瘠薄能力。多点测试结果表明，该良种树高年均生长量可达1.30 m，胸径年均生长量1.68 cm，形质指标优于参试种源的平均值，木材力学和加工特性良好，木材气干密度为0.60 g/cm^3，顺纹抗压强度、抗弯强度、抗弯弹性模量分别为44.9 MPa和102 MPa、16 910 MPa，冲击韧性和硬度为41 kJ/m^{2}和2 790 N，适用于加工高档实木地板和家具。

推广应用适生区与前景

　　已在福建、广西、广东、贵州等省区推广，林分生长良好。适宜在年降水量不低于1 000 mm、冬季多雨、年均气温16～20℃、极端低温不低于–5℃区域种植。

成果来源："南方主要珍贵用材树种高效培育技术研究"项目

联系单位：中国林业科学研究院热带林业研究所

通信地址：广东省广州市天河区广汕一路 682 号

邮　　编：510520

联系人：曾杰、郭俊杰

电　　话：15920126186

西南桦云南腾冲种源

良种背景

以速生、优质、高抗、广适生性为选育目标，依据多年多点试验林胸径、树高、枝下高、冠幅、干形、冠形、分枝以及材性性状综合评价，选育出西南桦云南腾冲种源，于 2020 年通过国家林木良种审定（良种编号：国 S-SP-BA-010-2019）。

良种特征与指标

该良种干形通直、速生、抗性强，具有较强的耐干旱瘠薄能力。多点测试结果表明，该良种树高年均生长量为 1.39 m，胸径年均生长量 1.61 cm，形质指标优于参试种源的平均值，木材力学和加工特性良好，木材气干密度为 0.75 g/cm^3，顺纹抗压强度、抗弯强度、抗弯弹性模量分别为 52.6 MPa、111.9 MPa 和 17 090 MPa，冲击韧性和硬度分别为 89 kJ/m^2 和 4 910 N，适用于加工高档实木地板和家具。

推广应用适生区与前景

已在云南省保山市、德宏傣族景颇族自治州、普洱市、临沧市、西双版纳等地推广种植，林分生长良好。适宜在年降水量不低于 1 000 mm、冬季多雨、年均气温 16 ～ 20℃、极端低温不低于 -5℃ 的区域种植。

成果来源： "南方主要珍贵用材树种高效培育技术研究" 项目

联系单位： 中国林业科学研究院热带林业研究所

通信地址： 广东省广州市天河区广汕一路 682 号

邮　　编： 510520

联 系 人： 曾杰、郭俊杰

电　　话： 15920126186

'YP602' 闽楠家系

良种背景

为了应对楠木大规模造林迫切需求，突破楠木培育时间长的瓶颈，缩短育种周期，通过对福建省多地营建的闽楠子代家系测定林进行多性状综合评价，筛选出速生优良'YP602'闽楠家系（*Phoebe bournei* 'YP602'），于 2018 年通过福建省林木良种审定（良种编号：闽 S-SF-PB-002-2018）。

良种特征与指标

'YP602'闽楠家系遗传性状稳定，生长快，干形通直，材质优良，抗逆性强。经过试验林长期观测，未发生病虫害和冻害。10 年生平均胸径 11.72 cm，超过对照 78.10%，遗传增益 27.24%；平均树高 9.02 m，超过对照 51.42%，遗传增益 17.64%；平均材积 0.05 m^3，超过对照 240%，遗传增益 66.51%。

推广应用适生区与前景

可在福建、江西、浙江、广东、湖南等省的闽楠分布区推广种植，适合在土层深厚湿润的山地红壤、坡度平缓的中下坡林地造林。

成果来源："南方主要珍贵用材树种高效培育技术研究"项目
联系单位：福建省林业科学研究院
通信地址：福建省福州市晋安区上赤桥 35 号
邮　编：350012
联 系 人：范辉华
电　话：13599392366

第二篇
种苗繁育技术

楸树良种采穗圃高效管理技术

成果背景

　　楸树为我国乡土珍贵用材树种，素有"木王"之美称，是我国中部地区农林间作、植树造林和园林绿化的优选树种，栽培十分广泛。目前，楸树良种壮苗严重不足，制约楸树人工林规模化发展。良种采穗圃建设是良种规模化繁殖的重要基础，突破采穗圃高效管理技术，实现楸树良种壮苗规模化繁育，可为我国楸树人工林建设提供有效技术支撑。

技术要点与成效

1. 技术要点

　　（1）圃地选择：采穗圃圃地选择地势平坦、开阔、无遮阴、通风和排水良好地点；优选轻壤土和中壤土，也可用砂壤土，建设苗床。

　　（2）采穗母树管理：利用当年生苗、当年生枝条扦插苗或组培苗培育采穗母树，株行距一般为 15～30 cm。采穗母树保留 3～7 个一级侧枝，每一级侧枝上保留 3～6 个二级侧枝。一级侧枝在主干腋芽萌发后及时抹芽，保留 3～9 个芽；待芽发育生长、嫩枝达到 20～50 cm 长时打枝，最终保留 3～7 根一级侧枝。在一级侧枝上的腋芽萌发后，对二级侧枝及时抹芽，保留 3～6 个芽；嫩枝长度达到 20～50 cm 时打枝，最终每根一级侧枝上保留 3～6 个二级侧枝。

　　（3）水肥管理：在定植后浇定植水 1 次；在速生期内保持土壤

水分含量在 16% 以上；在 10 月下旬至 11 月适度干旱，使土壤水分保持在 10% ～ 15%。结合整地亩施有机肥 2 000 ～ 3 000 kg；在生长季，分 2 次追施尿素。第一次在 5 月下旬，亩施肥量 10 ～ 20 kg，第二次施肥在 6 月下旬，亩施肥量为 15 ～ 25 kg。3 ～ 5 年更新 1 次。

（4）环境条件管理：采穗圃宜保持环境温度为 18 ～ 28℃，湿度为 70% ～ 80%，透光率为 70% ～ 75%。

2. 技术成效

每株控制一级侧枝 3 个，每个一级侧枝上保留 3 个二级侧枝，良种无性系单株有效芽产量可达 350 个以上，较之前提高了 10 倍。

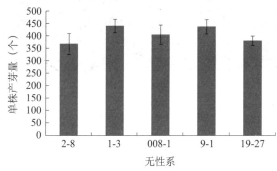

不同无性系产芽量比较

<u>应用效果</u>

累计育苗 1 600 万株，带动林农增收 40 万人次，预计实现苗木产业新增产值 1.6 亿元。

<u>推广应用前景</u>

楸树已列为国家储备林基地主要建设树种，建设面积达 375 万 hm²。栽种楸树将助推边远山区、革命老区的乡村振兴，有力缓解木材供需矛盾、保障国家木材安全。

采穗圃冬态

成果来源："北方主要珍贵用材树种高效培育技术研究"项目
联系单位：中国林业科学研究院林业研究所
通信地址：北京市海淀区香山路东小府 1 号
邮　　编：100091
联 系 人：麻文俊
电　　话：18600386560
电子邮箱：mwjlx.163@163.com

栎树轻基质容器播种育苗技术

成果背景

　　栎树是我国北方地区天然林的主要建群树种。其中，蒙古栎、辽东栎、麻栎和栓皮栎四大乔木栎树，既是我国北方地区珍贵的优质用材树种，又是潜在尚未充分开发的木本粮食树种和生物质能源树种。栎树人工培育起步晚，需要开发适宜的苗木培育技术。蒙古栎和辽东栎轻基质无纺布容器播种育苗技术，可极大地改善苗木侧须根发育差的状况，为提高苗木移植和造林成活率提供了切实的技术支撑。

技术要点与成效

　　（1）蒙古栎轻基质容器育苗技术：采用直径 13 cm、高 25 cm 的无纺布容器袋，基质配比（体积比）为泥炭：珍珠岩：蛭石 = 4：1：1，缓释肥配比（质量比）N：P_2O_5：K_2O=16：16：16，其他同常规容器育苗。该技术实现 2 年生容器苗苗高和地径分别达 48.1 cm 和 8.3 cm，较裸根苗分别提高了 24.6% 和 46.2%。

　　（2）辽东栎轻基质无纺布容器育苗技术：采用直径 6 cm、高 25 cm 的无纺布容器规格，基质配方采用腐熟树皮 30%+ 泥炭 20%+ 珍珠岩 25%+ 蛭石 25% + 腐熟蘑菇渣 1% ～ 2%，在出苗早期、生长旺盛期、生长后期喷施不同配方叶面肥。该技术使单株基质成本降低约 32%，壮苗指数增长 115%。

应用效果

采取蒙古栎轻基质容器育苗技术在辽宁省实验林场、清原满族自治县杨树崴林场共培育蒙古栎 2 年生容器苗 25 万株，使用轻型基质，促进蒙古栎侧根发育，改善了常规育苗蒙古栎苗木主根过长、侧须根少的局限，提高苗木栽植成活率和保存率。

轻基质容器播种育苗技术

推广应用前景

蒙古栎轻基质容器育苗技术可广泛推广应用于东北和华北地区，辽东栎轻基质容器育苗技术在东北南部和华北干旱贫瘠等困难立地造林苗木繁育中应用前景广阔。

成果来源："北方主要珍贵用材树种高效培育技术研究"项目

联系单位：沈阳农业大学林学院

通信地址：辽宁省沈阳市沈河区东陵路 120 号

邮　　编：110866

联系人：陆秀君

电　　话：13840283737

基于种子高效催芽的紫椴播种育苗技术

成果背景

针对紫椴种子的休眠特性及现行方法中存在的步骤烦琐、药剂众多和生产操作性不强等问题，构建了一种无药剂处理的紫椴种子催芽方法，提高了紫椴种子催芽的操作性、安全性和高效性，降低了种子催芽的成本。

技术要点与成效

1. 技术要点

（1）种子调制和贮藏：当年采收的紫椴成熟种子经阴干、风选净种后，置于无供热条件的库房内贮藏，贮藏时间须在4个月左右。

（2）种子浸泡：将贮藏的紫椴种子由库房转入室内，冷水浸种，水量以没过种子10 cm为宜，浸种期间要视浸种水质变化情况定期换水，约2～3天换一次水，定期观察紫椴种胚的颜色变化情况，当种胚颜色由微黄变为乳白色后即为浸种时间终点，此过程视种子质量情况约7～10天。

（3）种子催芽：将浸泡后的种子与清洁的湿河沙按1：3的体积混合，河沙的含水率以手攥微成团、松手后缓慢散开为准；经混沙后的紫椴种子以每编织袋约25 kg分装，平铺于窖底，控制窖温为1～5℃，7天翻动一次，层积时间约90天，以紫椴种子60%以上种皮开裂、胚芽微微露出时为宜；播种前将种子从窖中取出，筛去河沙后装入编织袋，平铺于室内或温棚内催芽，种子厚度以 20 cm 为宜，上覆塑料布保持种子湿度，控制室温 10 ～ 15 ℃，经 3 ～ 4 天处理胚芽长度达 2 ～ 3 mm 即可播种。

（4）整地做床：选择地势平坦、土层深厚、地力肥沃、排水良好的地块；整地须深翻、细耙、整平，做高床。

（5）播种技术：播种采用撒播方式，每亩平均 13 kg（千粒重 37.56 g，种子生活力 35.81%）；以河沙覆盖，覆沙厚度 2 ～ 3 cm，覆盖后镇压。

2. 技术成效

应用该技术，出苗率可达 67%，苗木保存率可达 83%，苗木生长良好，株高、地径和生物量提高 20% 以上，且不易染病染菌。

应用效果

累计繁育紫椴实生苗 45 万株，带动林农就业 11 700 人次，预计可造林 4 200 余亩。此技术全面推广，可为东北林区紫椴资源的恢复和人工林营建提供技术与苗木支撑。

紫椴实生苗规模化生产

推广应用前景

适用于东北东部温带湿润林区紫椴人工用材林和蜜源林建设。

成果来源："北方主要珍贵用材树种高效培育技术研究"项目

联系单位：北华大学林学院

通信地址：吉林省吉林市滨江东路 3999 号

邮　　编：132013

联 系 人：郭忠玲

电　　话：18604498137

电子邮箱：gzl65@163.com

水曲柳轻基质容器苗培育技术

成果背景

水曲柳是我国东北林区传统优质珍贵用材树种，国际市场中已经出现水曲柳优质木材短缺的状况，加快水曲柳人工资源培育已是当务之急。但水曲柳播种苗培育过程中和造林后苗木生长速度较慢，急需建立快速高效育苗技术。轻基质容器苗技术可以有效促进水曲柳苗木生长和成活，从而解决上述问题。

技术要点与成效

1. 技术要点

（1）温室培育芽苗室外移栽：温室环境下，以河沙和草炭土混合无菌基质，播种经催芽处理的水曲柳种子，当幼苗出现 2 片真叶时移栽至下述接种菌根的轻基质中。

（2）水曲柳容器苗培育的轻基质配方（体积比）：木耳废弃菌棒:腐殖土:蛭石 = 2 : 2 : 1。

（3）水曲柳容器苗菌根化轻基质最佳接种组合：水曲柳 + 落叶松混交林林下腐殖质粉碎成 0.2 ~ 0.5 mm 大小接种。

2. 技术成效

应用该技术，生长后期苗木增长速率约为对照的 1.31 倍；苗木根、茎、叶生物量最大，分别比对照高出 65%、55% 和 67%。

水曲柳轻基质容器苗培育技术

应用效果

　　水曲柳轻基质容器苗技术移栽成活率达98%，苗木增长速率提高1倍以上，出苗整齐，提高了水曲柳容器苗的生长速度和质量，保证苗木当年出圃，在黑龙江等地水曲柳人工林优质壮苗培育中应用效果突出。

推广应用前景

　　适宜东北东部温带湿润林区水曲柳实生苗培育。

成果来源："北方主要珍贵用材树种高效培育技术研究"项目
联系单位：东北林业大学林学院
通信地址：黑龙江省哈尔滨市和兴路26号东北林业大学林学院
邮　　编：150040
联 系 人：孙海龙
电　　话：13796629452
电子邮箱：shlong12@126.com

柚木无性系轻基质穴盘苗工厂化生产技术

成果背景

目前，我国柚木造林常采用黄心土为基质的营养袋苗，育苗效率低，大面积造林时运输和造林成本高，如小苗培育成截干苗，起苗和修剪费工费时，植后萌芽慢，根系恢复时间长，造成缓苗期长，生长慢，且抗性（耐寒和抗风能力）减弱。因此，培育出基质轻便、根系完整的苗木对于山地柚木造林尤为重要。

技术要点与成效

（1）柚木无根组培瓶苗培育：采用区段增殖组培法，瓶苗培养到 2 对叶时，移至阴棚炼苗 10～15 天后，剪去基部的愈伤组织，移栽无根组培幼苗。此法缩短了实验室生根培养时间，降低了成本。

（2）育苗轻基质配制：用混合轻型基质代替以往的黄心土，混合轻型基质的配比（体积比）为泥炭土∶蛭石∶珍珠岩∶椰糠∶黄心土 =（1～1.5）∶（1～1.5）∶（0.5～1）∶2∶2，使育苗成活率提高到 95% 以上，培育的苗木轻便，降低了运输成本和造林成本。

（3）采用孔深 11 cm、每盘 50 孔的聚苯乙烯林木穴盘替代营养袋，装盘快，可实现工厂化育苗，1 人 1 天可装 200 盘，既提高了育苗效率，又降低了成本。

（4）采用柚木无根幼苗叶面肥施用技术，可促进幼苗地上部分和根系的生长，提高移栽成活率，缩短苗木出圃时间，从而提高了苗木质量和育苗效率，间接地降低了育苗成本。

应用效果

利用该技术成果，使柚木无根组培苗移栽成活率提高到95%，出圃造林时间缩短至3～5个月。先后在广东广州、云南景谷和贵州罗甸等地进行示范推广，共生产柚木无性系组培苗120余万株。

柚木无性系轻基质穴盘苗工厂化生产技术

推广应用前景

该成果可快速为市场提供大量柚木无性系壮苗，有效降低运输和造林用工成本，具有良好的推广价值和产业前景，适宜在我国柚木适生区，以及东南亚和非洲国家示范推广。

成果来源："南方主要珍贵用材树种高效培育技术研究"项目

联系单位：中国林业科学研究院热带林业研究所

通信地址：广东省广州市天河区广汕一路682号

联 系 人：黄桂华、梁坤南

电　　话：020-87032929

邮　　编：510520

楠木良种轻基质扦插育苗技术

成果背景

　　桢楠、闽楠均为樟科楠木属植物，是我国特有树种，属国家二级保护渐危种，是驰名中外的珍贵用材树种，也是组成常绿阔叶林的主要树种，具有极高的经济与生态价值。国内楠木无性繁育总体成活率较低，规模化种植成本高，现有楠木繁育技术难以满足当前楠木产业发展的迫切需求。

技术要点与成效

　　（1）桢楠、闽楠轻基质容器育苗技术：2年生优质桢楠苗木平均苗高 72.4 cm，地径 0.78 cm，较常规方法培育的苗高和地径分别提高 44.8% 和 56%，3年生平均苗高 135 cm、地径 1.25 cm，较常规方法培育的苗高和地径分别提高 35% 和 50%；1年生优质闽楠苗木平均苗高 34 cm、地径 0.4 cm，2年生苗高 66.0 cm、地径 7.0 mm，3年生苗高 111.5 cm、地径 9.8 mm，苗木合格率超过 96%。

　　（2）桢楠扦插育苗技术：3～5年生的桢楠采穗圃每亩年繁殖系数 21.56，产穗条量超过 14 万条，优良穗条扦插成活率高达 91.7%，规模化扦插成活率稳定在 90% 以上。

　　（3）闽楠幼树硬枝扦插繁殖技术：不施用生根剂的插条生根率可达 40%～50%，1年后不定根长度可达 10 cm。

楠木良种轻基质扦插育苗技术

树种	适生范围	良种	轻基质容器育苗技术	扦插育苗技术
桢楠	适生区：四川、重庆、贵州西部、湖南西北部，湖南西北部和云南	优良家系：'普堂1号''峨照寺3号''峨眉山4号''云峰寺1号''飞泉寺2号'和'古寺2号'。优良种源：成都市都江堰市、宜宾市长宁县和泸州市纳溪区	1年生容器苗：基质配比椰糠：泥炭：腐殖土＝3：3：4，或椰糠：泥炭：油樟叶：腐殖物＝2：2：1：4：4，容器采用无纺布育苗袋10 cm×12 cm，基质中添加保持5～6个月的包膜缓释肥2 kg/m³，3对真叶时进行移栽，后期管理10天追肥一次。2年生容器苗：基质配比采用椰糠：泥炭：腐殖土＝3：3：4，或椰糠：泥炭：油樟叶：腐殖土＝3：3：2：1，容器采用无纺布育苗袋15 cm×20 cm，基质中添加保持5～6个月的包膜缓释肥2 kg/m³，后期管理30天追肥一次	采穗圃营建：初植密度20 cm×30 cm，定干高度30 cm，第二年开始配方施肥，配方为N：P：K＝150：30：60，3月施肥，3～4次每株施30 g，并结合穗条采集平茬1次。扦插：9月进行，穗条选择嫩枝，修剪成长10～15 cm的插穗，扦插基质选用蛭石，激素选用NAA 100 mg/kg，处理时间2 h
闽楠	高度适生区：广西东北部、湖南东北部、广东北部和福建中北部；中度适生区：福建中东部、江西中南部、贵州东南部、湖南西南部、广东北部及广西东北部	优良家系：'闽楠YP602''闽楠NP615''闽楠NP608''闽楠MX606''闽楠YX602'	1年生容器苗：基质采用泥炭土：谷壳/树皮粉＝4：1，添加1.5 kg/m³的缓释肥，容器选用4.5 cm×10 cm无纺布袋，幼苗2片真叶后栽，磷肥施肥量为'氮肥施肥量125～130 mg，15～20 mg。2～3年生容器苗：基质采用泥炭土：树皮粉：谷壳：珍珠岩＝4：4：1：1，容器选用18 cm×20 cm的无纺布袋，每立方米施2 kg钙镁磷，1.5 kg缓释肥	扦插：10～11月的秋季进行，选用木质化程度高的枝条顶梢做插条，剪取成带1芽1痕3叶的插条，扦插基质使用黄土，不使用生根剂

应用效果

　　已在四川、重庆、福建等多个省（市）推广应用，累计繁育良种 123 万余株。使用楠木良种壮苗造林单位面积木材年蓄积生长量比常规造林提高 15% 以上，扩大了楠木种植规模，推进了楠木产业升级，为楠木宜生区的木材储备与乡村振兴作出了积极贡献。

楠木良种轻基质扦插育苗

推广应用前景

　　该技术成果能直接为楠木人工林的大面积栽培提供良种壮苗，大幅度提高造林成活率和成林质量，可广泛应用于南方地区森林质量精准提升工程、天保二期工程的实施，以及国家战略储备林的建设。

成果来源：	"南方主要珍贵用材树种高效培育技术研究"项目
联系单位：	四川省林业科学研究院
通信地址：	四川省成都市金牛区星辉西路 18 号
联 系 人：	辜云杰
电　话：	13228210019
邮　编：	610081

红锥良种组培快繁和壮苗培育技术

成果背景

红锥是我国重要的珍贵用材树种之一，其材质优良，木材坚硬耐腐，色泽红润美观，胶粘和油漆性能良好，是高级家具、造船、车辆、工艺雕刻、建筑装修等优质用材。当前开展了红锥优良无性系的选育工作，但其无性系高效扩繁的研究工作相对滞后，尚未形成良种无性系苗木的规模化生产。

技术要点与成效

（1）红锥良种组培高效扩繁：采用优树截干促萌的方式获取幼化植株，截干后保留 120 cm 主干，平均每个单株可获得 82.2 个幼化萌条，萌枝丛数 33.6 个，使用 75% 酒精 5 s 和 0.1% 升汞 5 min 消毒外植体，降低污染率至 15% 以下。最佳的分化诱导培养基为 MS + 3.0 mg/L 6-BA + 0.2 mg/L NAA，平均每段萌芽可产生 6 个丛生芽。在生根培养阶段，以 1/2 MS 为基本培养基诱导根系发生效果较好，最优培养基为改良的 1/2 MS + 1.0 mg/L NAA，再添加 40 g/L 蔗糖和 5.5 g/L 琼脂，该培养基配方可在 15 天内形成 3 cm 长的根系。

（2）红锥壮苗培育技术：在泥炭土:椰糠 = 3:2 的基质中，红锥实生苗的苗高生长量最大，试验成活率可达 100%。适宜红锥苗期栽培的容器为口径 11 cm、高 14.6 cm、容积 1.39 L 的无纺布袋，培育的苗木平均地径 5.4 mm、苗高 48 cm，分别比对照高 31.0% 和

37.1%。施肥以指数施肥法效果最好，肥料类型以水溶性最佳，施肥后平均总根系长度达 1 368.96 cm，较对照提升 26%，平均株高提升 16%。

应用效果

红锥组培无性系壮苗已在田间种植，目前生长效果较好，种植于广东阳江的红锥无性系 2 年生苗木株高较实生苗提高 12%，株高标准差降低 44%，苗木生长量较好且生长整齐。自 2017 年起，完成红锥良种壮苗繁育 160 万株以上。

推广应用前景

该成果适用于我国华南地区红锥主要栽培区域，可在短时间内形成优良无性系组培苗生产线，预期苗木单价较当前市场提高 80% 以上，能够减少生产的季节限制，缩短苗木培育时间，显著提升综合效益。

成果来源："南方主要珍贵用材树种高效培育技术研究"项目
联系单位：广东省林业科学研究院
通信地址：广东省广州市天河区广汕一路 233 号
联 系 人：潘文
电　　话：020-87033558
邮　　编：510520

落叶松温室容器育苗技术

　　落叶松是我国重要的用材树种，一般采用大田播种培育裸根苗，育苗周期为 2 年，集约化水平比较低。随着高世代种子园良种、优良家系的选育和产业化应用，急需配套温室容器育苗技术，提升苗木质量。

技术要点与成效

1. 技术要点

　　包括容器规格、培育基质、种子催芽、控温、补光、水肥调控、病虫害防治等关键技术环节。

　　（1）网袋容器规格直径为 5 cm，高度为 10～15 cm。轻基质采用泥炭（纤维状）+ 粒状珍珠岩 + 碳化稻壳，按 1∶1∶1 配备；每立方米基质添加 2.5 kg 控释肥并搅拌均匀；播种前 1～2 天对网袋容器使用 0.3% 高锰酸钾溶液进行消毒。

　　（2）使用种子园或优良家系等良种种子，将种子以 0.3% 高锰酸钾溶液浸泡 30 min 后流水冲至无色，然后在发芽培养箱内进行 20℃/30℃培养（即 8 h 较高温 30℃同时给予 750～1 250 lx 的自然光或冷白荧光，16 h 较低温 20℃暗处理），根据种子状况补温水，当有 30% 种子裂嘴露白时即可播种。

　　（3）当温室白天温度达到 15℃以上、容器基质温度 10℃以上时可以播种。一般每个容器点播 2 ～ 3 粒，播种深度 0.8 ～ 1.0 cm，播种后覆盖干沙或锯屑，覆盖厚度 0.3 ～ 0.5 cm，覆盖后及时浇水。

（4）通过控温措施调节温室气温，白天需保持最适温度 20 ～ 27℃，夜间 16 ～ 20℃。可用喷灌设备喷水提高湿度，或通过通风降低湿度。在出苗期温室内适宜的相对湿度为 70% ～ 80%，幼苗期至出温室或撤膜，温室内适宜的相对湿度为 60% ～ 70%。出苗期保持基质表层 4 cm 湿润，幼苗期保持基质 10 cm 湿润，速生期每天浇水 1 ～ 2 次，每次须浇透网袋容器，木质化期控制浇水，保持基质不干燥。

（5）从出苗开始到移出温室，需在日出前用 400 W 钠灯补光 2 ～ 5 h，补光强度为 50 μmol/（m^2·s）；一般在 7 月，当容器内侧根横向穿过网袋时，及时挪动袋苗进行空气修根。

（6）每周用多菌灵或百菌清溶液 500 倍液对温室大棚包括地面消毒。每周使用一次多菌灵 500 倍液、百菌清 500 倍液或 0.3% 高锰酸钾溶液喷施苗木（如施用高锰酸钾溶液须在使用后用清水洗苗）进行病害防治。

2. 技术成效

本项成果解决了落叶松良种规模化设施繁育技术瓶颈，通过水肥和光周期调控，育苗周期由 2 年缩短至 1 年，显著提高苗木质量和育苗效率，干旱条件造林成活率比裸根苗提高 80% 以上。

应用效果

在辽宁大孤家林场建立温室育苗大棚 7 500 m^3，形成了温室容器育苗整条生产线，年产优质落叶松苗木 50 万株以上，推广优质落叶松容器苗造林 2 000 多亩，年收益达 22.5 万元。

落叶松容器育苗
专用控释肥

落叶松温室容器育苗技术

推广应用前景

　　该成果适用于温带、暖温带和北亚热带的落叶松主栽培区，尤其对于温带区域缓解春季干旱提高造林成活率和造林质量有重要意义。

成果来源："落叶松高效培育技术研究"项目

联系单位：中国林业科学研究院林业研究所

通信地址：北京市海淀区香山路东小府1号

联 系 人：张守攻、陈东升

电　　话：010-62888686

邮　　编：100091

杉木无性系穗条精准调控与轻基质容器育苗技术

成果背景

杉木是我国重要的速生用材树种，杉木人工林面积 990 万 hm^2，蓄积量 7.55 亿 m^3，面积和蓄积均居我国用材树种首位，在保障我国木材和生态安全中占据重要地位。杉木苗木大规模培育过程中存在传统杉木采穗圃数量不足、穗条质量不高和产量低的问题，传统裸根育苗存在苗木出圃率低、造林季节短和圃地需要轮作等问题，严重制约了杉木优良材料的推广应用。

技术要点与成效

（1）杉木高世代良种材料的采穗母树穗条精准调控技术，可以使采穗母树穗条产量较传统方法提高 1.66 倍，同时显著提升穗条质量。

（2）筛选出适宜杉木优良无性系生长的环保型轻型基质配方，减少泥炭土用量 40% 以上，降低生产成本，移栽 1 年后平均苗高和地径较对照提高 39.4% ～ 59.1% 和 12.9% ～ 23.7%，苗木根系发达，苗木出圃率达 98%，解决了传统育苗中存在的苗木出圃率低、容器苗窝根和圃地需轮作等问题。

（3）基于指数施肥的容器苗养分精准调控技术，苗高、地径和苗木质量分别提升 12.0% ～ 14.5%、3.54% ～ 16.5% 和 11.3% ～

15.7%，解决了传统施肥中存在的养分利用效率低和苗木竞争力差等问题。

杉木高世代良种材料苗木培育关键技术体系

技术名称	无性系	技术措施 / 配方
采穗母树穗条精准调控技术	'洋020'	穗条需求期处理措施：在上一年12月对母树进行全面清蔸和遮阴处理，同时在翌年5月前在采条面喷洒浓度为200 mg/L 的生长素溶液或施加霍格兰营养液，可显著提升穗条产量
		穗条非需求期处理措施：先用 PE 管材料围住母树根基，再覆 5～15 cm 厚的黄心土，或每15天对根基喷洒浓度为10 mg/L 脱落酸溶液，可显著抑制穗条生长
轻基质容器育苗配方筛选技术	'洋020''洋061'	筛选优化出适宜杉木优良无性系'洋020'（泥炭土：珍珠岩：稻谷壳 = 0.46：0.27：0.27，体积比）和'洋061'（泥炭土：杉木皮 = 0.6：0.4，体积比）容器苗生长的轻型基质配方（轻型基质袋规格为6 cm×10 cm 的无纺布袋）
基于指数施肥的容器苗养分精准调控技术	'洋020''洋061'	在筛选出适宜'洋020'和'洋061'生长的轻型基质配方基础上，构建出适宜'洋020'和'洋061'容器育苗指数施肥技术（每株总施氮量为120 mg，分10次施肥，每株各次施氮量为2.07 mg、2.79 mg、3.81 mg、5.19 mg、7.09 mg、9.68 mg、13.21 mg、18.02 mg、24.60 mg 和33.57 mg，每次施肥间隔7天）

应用效果

　　已在福建、广东、湖南3个主要杉木产区推广应用，营建了采穗圃和轻型基质容器苗圃，新增苗木直接经济效益225万元。该成果的应用，带动了当地杉木苗木培育产业升级，增加了农民的就业渠道和收入，有力地支撑了乡村振兴和精准扶贫。

推广应用前景

　　该成果适合于福建、广东、湖南等省份以'洋 020''洋 061'等杉木高世代良种为种植材料的人工林建设。

穗条促萌效果　　　　轻基质生长对比　　　　轻基质育苗效果

杉木高世代良种材料苗木培育

成果来源：	"杉木高效培育技术研究"项目
联系单位：	福建农林大学
通信地址：	福建省福州市仓山区福建农林大学林学院
邮　　编：	350002
联 系 人：	林开敏、叶义全、吴鹏飞
电　　话：	13696837191、13705036549、13635281431

杉木无性系瓶外生根组培快繁技术

成果背景

　　传统杉木组培中存在组培苗增殖系数低、生根不稳定、生根率不高、生根驯化周期长和成本高等问题，特别是受杉木高世代良种自身生物学特性的影响，对组培各环节所需的培养基配方存在较大差异，亟须构建与杉木高世代良种材料相匹配的组培快繁技术。

技术要点与成效

1. 技术要点

　　（1）外植体选择与消毒：杉木'洋020'无性系幼嫩茎段用75%酒精30 s+0.1%L汞9 min消毒。茎段愈伤诱导配方：MS+2,4-D（2,4-二氯苯氧乙酸）1 mg/L+KT（6-糠基腺嘌呤）0.5 mg/L+AgNO$_3$（硝酸银）5 mg。增殖配方：DCR+6-BA（6-苄氨基嘌呤）1.0 mg/L+核黄素0.03 mg/L+NAA（萘乙酸）0.25 mg/L。壮苗培养光照条件：红光：绿光：蓝光=24.05：8.38：25.94（PPFD）。

　　（2）瓶外生根处理：切取经壮苗培养的组培苗茎段（长度3.0 cm），用500 mg/L ABT 1号生根粉处理10 min，随后转移至装有泥炭土：珍珠岩：稻谷壳 = 0.46：0.27：0.27（体积比）的穴盘中，将幼苗插入基质1 cm深，将基质压实，扦插完成后浇透水，盖上透明穴盘盖，防止幼苗失水萎蔫；在培养过程中定期添加1/4 MS营养液保持基质湿润和基质养分。

2. 技术成效

该技术的应用可以使组培苗平均增殖系数达 4.4，明显高于组培苗工厂化育苗的增殖系数要求；生根和驯化相结合，显著缩短育苗周期 15 天以上，组培苗移栽生根率达 92.1%。

应用效果

在福建省洋口国有林场等地建立组培苗繁育基地，累计生产杉木优良无性系苗木 20 万株，培育出的无性系苗木质量较高，深受用户的好评。

增殖效果　　　　　壮苗培养效果　　　　　瓶外生根效果

杉木无性系瓶外生根组培快繁技术

推广应用前景

适用于'洋 020'等杉木高世代良种组培快繁，满足市场用苗需求。

成果来源："杉木高效培育技术研究"项目
联系单位：福建农林大学
通信地址：福建省福州市仓山区福建农林大学林学院
邮　　编：350002
联 系 人：林开敏、叶义全
电　　话：13696837191、13705036549

杉木多功能菌剂育苗技术

成果背景

南方酸性土壤速效氮和有效磷缺乏是限制杉木人工林生长的主要土壤因素。由于南方地区土壤富含铝离子和铁离子，施用磷肥极易被固定，导致杉木对磷肥的利用率极低，当年利用率一般在5%以下。因此，分离筛选出具有固氮、溶磷及抗逆作用的高效多功能菌株，对促进杉木苗木生长具有广阔的应用前景。

技术要点与成效

首次从健壮的杉木苗木中分离、筛选出溶磷能力强、固氮酶活性高、抗病、抗逆、促生的高效多功能菌株 *Burkholderia ubonensis*、*Pseudomonas frederiksbergensis*、*P. grimontii*。优化了培养条件和溶磷条件，生产出高效多功能菌剂，优化了施用浓度和施用方法，在杉木育苗中应用效果显著，明显提高了苗木质量和基质肥力。杉木苗高、地径生长量和根茎叶生物量较对照分别增加了25.69%、40.70%和24.02%，根长和根系活力分别为对照的1.61倍和1.53倍；基质全氮、全磷、全钾、有效磷和速效钾含量分别较对照提高了17.37%、14.15%、19.76%、34.52%和42.74%，纤维素酶、蔗糖酶、脱氢酶、酸性磷酸酶和硝酸还原酶活性分别为对照的1.54倍、1.77倍、1.63倍、2.05倍和1.75倍，微生物α多样性指数显著高于对照。

高效多功能微生物菌剂在杉木轻基质苗木上的应用模式

技术措施	应用条件
高效多功能菌株	P5(*Burkholderia ubonensis*)，RP2(*Pseudomonas frederiksbergensis*)，RP22(*Pseudomonas grimontii*)
培养基	LB 液体培养基配方：胰蛋白胨 10 g，酵母浸粉 5 g，NaCl 5 g，蒸馏水 1 000 mL，pH 值 7.0
培养方式	有氧发酵 40 h
使用方法	灌根 + 叶面喷施交替施用
稀释倍数	稀释 60 ～ 90 倍
使用时间	6—9 月均可，6 月开始最佳
使用量	30 mL 稀释菌剂 /（株·次）
使用次数	4 次，6—9 月施用，每次施用间隔 1 个月
高效多功能菌剂施用注意事项	使用时温度最好在日最高温度 20 ～ 40℃范围内使用；最好在紫外线较弱的阴天或早、晚使用，避免阳光强烈时使用；菌剂不耐强酸与强碱，不能与某些化肥和杀菌剂混合使用；菌剂不宜保存过长，应在有效期内尽快使用；通过吸收根发挥作用，因此要在吸收根分布区周围施用

应用效果

已在杉木主产区江西省多个育苗基地容器育苗中进行了应用，与对照相比，杉木苗株高增长量、地径增长量、根茎叶生物量均增加了 15% 以上，Ⅰ级苗木提高 20% 以上，出圃率达 98%，且苗木造林成活率达 99% 以上。

推广应用前景

该技术的应用可提高杉木的生长及抗逆性，有利于我国杉木速生材的高效培育。开发的高效多功能菌剂可工业化生产，生产周期在 40 h 内，施用方便，适宜在杉木适生区大范围推广应用。

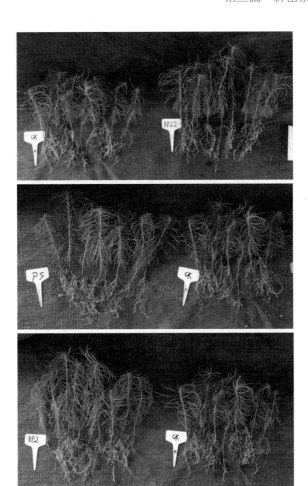

高效多功能微生物菌剂在杉木轻基质苗木上的应用

成果来源："杉木高效培育技术研究"项目

联系单位：中国林业科学研究院林业研究所

通信地址：北京市海淀区香山路东小府 1 号

邮　　编：100091

联 系 人：焦如珍、董玉红

电　　话：18515693967、010-62889663

杉木轻基质容器沙床育苗技术

成果背景

杉木育苗主要以传统的裸根育苗为主，裸根苗培育不能在同一地块连年育苗，每年需更换育苗场地，且裸根育苗存在管理粗放、种子利用率低、苗木质量参差不齐和出圃率低等问题。

技术要点与成效

1. 技术要点

（1）种子处理：采用 0.3% ～ 0.5% 高锰酸钾溶液浸泡消毒，再用约 30℃ 温水浸种 24 h，除去浮于水面上的涩粒，25 ～ 30℃ 恒温催芽 24 ～ 48 h，种子露白即可播种。

（2）两步育苗：先通过沙床预播或红心土苗床进行小苗培育，播后在种子上覆盖一层细沙或木糠保湿，再覆盖薄膜保温，苗木出土后掀开薄膜，待小苗长至 5 ～ 8 cm 时移植到沙床中的轻基质杯中；轻基质容器采用无纺布制成，无底，容器规格为 4.5 cm × 8.0 cm。

（3）沙床育苗：建立固定沙床，将轻基质容器埋入沙床中，使用固定沙床培育轻基质容器苗，管理规范化和标准化，同时控制合理育苗密度。

2. 技术成效

该技术可使种子发芽率提高 50% 以上，克服了直接点播种子常见的出芽不整齐、空缺较多需要反复点播而导致的浪费人力物力等问题，提高了育苗效率和成苗率，移植后幼苗生长健壮，管理难度降低。使用固定沙床育苗，苗木株行距为 11 cm×8 cm 时，1 年生苗平均苗高 32.4 cm，地径 5.5 mm，苗木生长健壮且均匀，出圃率达 90% 以上。

已在广西融安县、融水苗族自治县、全州县、天峨县和武宣县等地建立了轻基质容器育苗基地 800 余亩，实现了年产轻基质容器苗木 1 000 万株以上。

杉木轻基质容器沙床育苗

推广应用前景

可在杉木产区的大型企业、种业公司、事业单位、良种基地、苗木繁育基地和大型苗圃中推广应用，实现杉木良种的规模化繁育。

成果来源："杉木高效培育技术研究"项目
联系单位： 广西壮族自治区林业科学研究院
通信地址： 广西南宁市西乡塘区邕武路 23 号
邮　　编： 530002
联 系 人： 陈代喜、黄开勇、戴俊
电　　话： 13097710256、0771-2319806、0771-2319819

美洲黑杨健根系育苗法

成果背景

美洲黑杨主要采用扦插繁育，但通常是筛选优势苗木出圃后，利用相对弱势的苗干为材料进行二次繁育，导致苗木生长势逐年减退，根系欠发达，易感染病虫害，优良品种退化严重，亟须开发苗木健壮根系培育技术，助力良种壮苗繁育。

技术要点与成效

1. 技术要点

（1）苗床与土壤处理：初春深翻圃地 30 cm，常规消毒后晾晒 10 天，结合翻耕每公顷施入复合肥和有机肥 500 ～ 900 kg 作为基肥，平整土地后做 2 m 宽平床，带状育苗，在苗床内施入推荐常规剂量的生物菌肥，最后用黑色地膜覆盖，边缘覆土压实。

（2）插穗处理：3 月初树液流动前，从采穗圃选取木质化程度高、侧芽饱满、健康无病害的一年生枝条制成插穗。插穗长 15 ～ 20 cm，3 ～ 4 个侧芽，插穗下端紧贴芽基部斜切，切口马蹄形；上端距顶芽 1 ～ 2 cm 平切。制穗捆扎后将其浸泡清水中 2 ～ 6 天。扦插前取出插穗冲洗干净，喷施杀菌剂后晾干。将插穗上端浸入青鲜素溶液中轻蘸 2 ～ 4 s，下端浸入生根粉溶液中浸泡 1 min，取出备用。

（3）扦插与管护：表层地温达 5 ～ 10℃时扦插为宜。按 0.5 m×0.6 m 株行距育苗。将插穗垂直或倾斜 45℃插入土中，顶芽稍露土1 cm，灌透水，进行苗圃常规管护。7月下旬撤掉地膜，沿苗木基部培土20 cm，改平床为高垄，垄内按每公顷30 kg施入土壤整理剂，以促进根系生长。5—8月薄肥勤施，9月后停止施肥并控制灌溉。6—8月及时抹芽和防治病虫害。

（4）苗木出圃与苗圃更新轮作：苗木出圃时，按照根幅大于25 cm的规格起苗。连续育苗2～3年后，需与农作物或绿肥轮作后再育苗。

2. 技术成效

该技术的应用可使美洲黑杨Ⅰ级苗出圃率提升20%，苗圃生产经济效益提高15%以上。

应用效果

已在河南省郑州市、开封市、商丘市、周口市西华县等多地推广应用，培育杨树良种壮苗10万余株，出圃苗木品质得到显著提升，促进了农户增产增收。

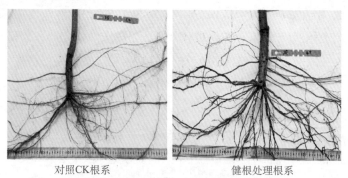

对照CK根系　　　　　　健根处理根系

美洲黑杨健根系育苗效果对比

推广应用前景

适合于栽种美洲黑杨的河北、河南、山东、江苏、安徽等我国黄淮海平原重点地区杨树人工林建设中的良种壮苗繁育。

成果来源："杨树工业资源材高效培育技术研究"项目

联系单位：河南省林业科学研究院

通信地址：河南省郑州市金水区林科路 4 号

邮　　编：450008

联 系 人：樊莉丽

电　　话：13608689360

白杨良种组培幼化与硬枝扦插配套育苗技术

成果背景

　　白杨良种长期采用"多圃配套系列育苗技术"进行无性繁殖，不但需要建立采穗圃、砧木圃、繁殖圃等圃地，而且需要经过嫁接、解绑、贮藏越冬等复杂的技术环节，导致育苗成本居高不下，且无性繁殖过程中成熟效应和位置效应积累致使种苗退化，严重制约了白杨良种优良特性的发挥，亟须开发白杨良种组培幼化与硬枝扦插配套育苗技术。

技术要点与成效

　　（1）白杨良种组培幼化技术：筛选出'北林雄株 1 号'及'北林雄株 2 号'叶片离体再生的适宜培养基，分别为 1/2 MS+0.5 mg/L 6–BA+0.2 mg/L NAA+0.01 mg/L TDZ 和 MS+1.0 mg/L 6–BA+0.1 mg/L NAA+1.2 mg/L ZT，每叶片有效芽数量分别为 7.5 个和 9.6 个。将叶片再生不定芽接种至 1/2 MS+0.5 mg/L IBA 的生根培养基中进行生根培养，可获得生根率为 100% 的白杨良种组培苗。

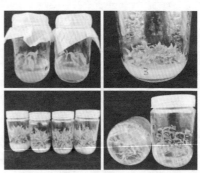

白杨良种'北林雄株 1 号'及'北林雄株 2 号'组培幼化技术

（2）大田硬枝扦插育苗最佳技术组合：'北林雄株 1 号'和'北林雄株 2 号'一年生组培苗速蘸 200 mg/kg NAA 处理，扦插成活率稳定在 70% 以上，壮苗率达 82.4%。

应用效果

已在北京、山东、山西、河北及河南等多个省（市）推广应用，5 年累计繁育'北林雄株 1 号''北林雄株 2 号'良种苗木 1 100 余万株，扩大了推广区域内农民的就业渠道，增加了林农收入，促进了区域经济发展。

白杨良种硬枝扦插育苗及其效果

推广应用前景

该技术提高了白杨硬枝扦插育苗生根率和苗木质量，有效保障了白杨生产力和资源利用水平，在京津冀地区杨柳飞絮治理和国家储备林建设中具有广阔应用前景。适合我国黄河流域及华北平原区白杨速生丰产用材林基地建设区域。

成果来源："杨树工业资源材高效培育技术研究"项目
联系单位：北京林业大学
通信地址：北京市海淀区清华东路 35 号北京林业大学 118 号信箱
邮　　编：100083
联 系 人：康向阳
电　　话：010-62336168

毛白杨苗木秋季灌溉调控促长技术

成果背景

以三倍体杂交品种为代表的毛白杨是我国黄河中下游平原林区最重要的绿化和用材树种之一，其苗木具有生长季长、落叶晚的特性。但苗圃常规秋季水分管理粗放，以致出圃苗木质量参差不齐，造林效果年际波动较大。

技术要点与成效

1. 技术要点

（1）育苗地条件：选择地势平坦的冲积平原，土壤类型主要为砂壤土和砂土，容重约 1.35 g/cm³，有效土层厚度 0.5 m 以上。

（2）无性系选择：国家和地区审（认）定三倍体毛白杨良种，包括'北林雄株 1 号''北林雄株 2 号''鲁毛 50''毅杨'等品种。

（3）秋季灌溉技术：9 月中旬至 11 月上旬以距地表 10 cm 处土壤水势降至 −40 kPa 作为灌溉起始阈值，当育苗苗圃中水势降至该阈值及以下时进行微喷灌溉至田间持水量。

（4）其他管理措施：育苗前亩施复合肥 70 kg 作为基肥，7 月初每亩追施尿素 70 kg；7—9 月连续抹除侧芽；苗木速生期以 −20 kPa 作为灌溉起始阈值进行微喷灌至 9 月上旬，11 月下旬浇封冻水。

2. 技术成效

该技术应用可使三倍体毛白杨苗木在秋季苗高、地径生长量较常规培育分别高出 160.37% 和 31.55%，单株生物量提高 55.20%，出圃时苗高、地径分别达 4 m 和 40 mm 左右，且造林 3 年后苗木保存率高达 93%，树高、胸径生长量较常规栽培分别提高 79.63% 和 162.98%，实现了毛白杨苗木优质、高效的培育目标。

应用效果

已在山东省聊城市冠县国有苗圃进行推广应用，可有效提升出圃毛白杨苗木的形态指标、单株养分贮存量、造林成活率以及造林 3 年后的生长表现，为毛白杨苗圃壮苗培育、人工林质量提升和地方经济发展作出积极贡献。

推广应用前景

该技术的推广应用对提高毛白杨苗木出圃质量，改善苗木造林表现，推进毛白杨苗木培育产业优化具有十分重要的现实意义。适合我国黄河中下游平原的山东大部、河北南部、河南东北部等地的毛白杨苗木培育和人工林营造重点地区。

秋季灌溉调控促长当年毛白杨苗木

造林后第一年毛白杨生长情况

造林后第三年毛白杨生长情况

成果来源："杨树工业资源材高效培育技术研究"项目

联系单位：北京林业大学

通信地址：北京市海淀区清华东路 35 号北京林业大学 47 号信箱

邮　　编：100083

联 系 人：刘勇

电　　话：13651330807

东北半干旱地区青杨类杨树良种壮苗繁育技术

成果背景

青杨类杨树树种较多，地理分布范围广，气候适应性强，在国内人工林培育中受到高度重视，尤其在东北地区，广泛应用于板材及纸浆材。但由于东北地区自然条件限制，传统苗木的培育因为温度低、水肥管理薄弱等原因，普遍存在出圃苗木瘦弱等问题，导致苗木造林成活率低，极大限制了杨树优良品种的推广与应用。

技术要点与成效

1. 技术要点

（1）育苗基质：25% 细沙 + 50% 泥炭 + 25% 蛭石的基质配比条件下，杨树无性系苗木质量指数较优。

（2）水肥耦合调控：在苗木生长季每次浇水 1 200 mL，株施氮肥 3 g、磷肥 8.6 g，可显著提高杨树无性系苗期生物量。

（3）指数施肥：指数施肥杨树无性系苗期株高、地上部分鲜重和单叶面积分别较对照增加 43%、35% 和 100% 以上。

（4）刻伤促根：插穗下切口 3 cm 处横刻 1/2，苗高、地径、叶面积分别较对照提高 149%、115% 和 135%。

（5）覆膜滴灌：红色地膜覆盖苗木壮苗率提高 28.16%；滴灌节水 36.83%，红色覆膜处理收益最高，为对照的 12.4 倍。

2. 技术成效

该技术可提升扦插苗质量，实现 1 年生苗木出圃，综合提高东北半干旱地区杨树苗木壮苗率 15% 以上。

不同土壤基质下苗木生长比较

应用效果

已在黑龙江等地累计育苗近 100 万株，Ⅰ 级苗木达 85% 以上，壮苗率比常规育苗提高 15%。按每株节约成本 0.15 元，平均每公顷纯利润提升 2.35 万元。

推广应用前景

该技术的推广应用对提高青杨苗木出圃质量，推进青杨人工林建设具有重要意义。适用于黑龙江西部、内蒙古东部、吉林西部、辽宁西部等半干旱区杨树人工林重点营造区。

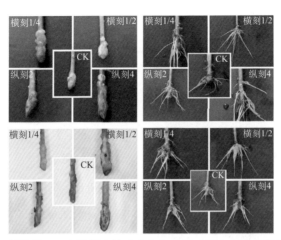

不同刻伤处理下青杨类土培（上）与水培（下）根部生长情况

不同施肥模式下苗木生长比较

成果来源："杨树工业资源材高效培育技术研究"项目	
联系单位：东北林业大学	
通信地址：黑龙江省哈尔滨市香坊区和兴路 26 号	
邮　　编：150040	
联系人：赵曦阳	
电　　话：15246668860	

大花序桉组织培养育苗关键技术

大花序桉是具有重要经济价值的优良树种，但因无性繁殖困难，特别是组织培养中的增殖和生根技术一直未能有效解决，很大程度上制约了大花序桉的育种利用和相关产业发展。

技术要点与成效

1. 技术要点

大花序桉无性系组培生产最大的问题是生根困难或生根不稳定，本项技术优化了大花序桉增殖培养基配方和培养条件，有效控制了大花序桉组培的玻璃化问题，确定以下组配培养基配方。

（1）最佳诱导配方：MS + 6–BA 0.5 mg/L + IBA 0.1 mg/L。

（2）最佳增殖配方：MS + 6–BA 1.0 mg/L + NAA 0.10 mg/L+ IBA 0.2 mg/L。

（3）最佳生根配方：蔗糖 15 g/L + 卡拉胶 6 g/L + 1/2 MS + IBA 1.5 mg/L + NAA 1.0 mg/L。

（4）优化了移栽基质：选用黄泥：椰糠：珍珠岩 =1：3：0.5（体积比）的基质段，苗成活率高、生长健壮、抗病性强。

2. 技术成效

利用该技术开发出大花序桉 4 个无性系组织培养育苗技术，月增殖系数不低于 3，生根率不低于 70%，部分无性系生根率可达

90%以上，同时解决了增殖苗继代衰退的难题，延长了无性系的利用时间。

应用效果

大花序桉2个无性系组织培养育苗技术已进入规模化应用，技术稳定性较好，大花序桉组培苗单价达到每株4元，经济效益显著。

 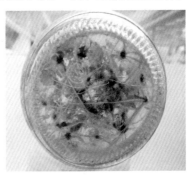

大花序桉优化组培的增殖苗　　　　大花序桉优化组培的生根苗

推广应用前景

大花序桉无性系组培苗市场需求仍在扩大，其组织培养技术的熟化，可为四川、广西、广东、福建、云南等省（区）的桉树适生区人工林建设和国家储备林建设提供良种壮苗。

成果来源："桉树高效培育技术研究"项目
联系单位：中国林业科学研究院速生树木研究所
通信地址：广东省湛江市人民大道中30号
邮　　编：524022
联 系 人：罗建中
电　　话：13922087469

马尾松种子园矮化高产稳产技术

成果背景

马尾松是我国松属中分布最广的树种，不仅是荒山绿化、水土保持的先锋树种，而且是多功能的脂材兼用树种。我国每年松脂产量的 70% 来自马尾松。但是，马尾松良种产量和遗传增益低、树体高大和采种难等问题，严重制约了优质良种壮苗的供应和松树产业健康发展。

技术要点与成效

1. 技术要点

（1）动态更替式的矮化种子园建园：精选生长量、抗性、材质、干形或产脂量等目的性状遗传品质优良，雌雄球花花期同步、无或较少亲缘关系，配合力高，结实产量高的优树无性系作为建园亲本；采用"宽行窄距"，株行距（6～8）m×（6～8）m 为宜；先在圃地集中培育建园无性系嫁接苗，然后一次性定植成园，容器砧木苗培育→嫁接苗培育→整地→栽植→成园；矮化条件下，随时更替结实能力差、生长不良的母株，补充经测定后的优良亲本，实现种子产量的持续高产稳产。

（2）树体矮化：定植后 2～3 年时定干修剪，截干高度 0.8～1.5 m，保留下部 2～3 轮，每轮保留 3～4 个骨干枝，呈 70°～80° 作拉枝处理，每年适当去除竞争枝、细弱枝、阴生枝、重叠枝、病虫枝等。

（3）施肥：遵守"测土配方施肥"原则，种子投产后（5年生），每年在花原基形成期（7月上旬）和采种后，每株施用生物有机肥4～5 kg，或氮、磷、钾复合肥150～250 g，多施磷肥，施肥方法采用树冠外围环状沟施。花原基形成期施用磷肥可显著提高结实能力，幼果量提高14.45%～67.71%。

（4）激素处理：在7月花原基形成期，每株茎干注射2～3次赤霉素GA4+7，每次60～90 mg，显著提高幼树的雌花形成与结实量，分别较对照增加29.3%～54.5%。

（5）人工控制授粉：精选20～30个优良亲本无性系的混合花粉，在雌球花可授期内的清晨无风时用背负式喷粉器进行喷施授粉，也可在种子园盛花期的晴天用鼓风机吹风进行辅助授粉。

2.技术成效

该技术应用能够提高栽植成活率，保持园相整齐，减少园地管理投入，提前2～3年结实投产，种子园产量整体提高了21.3%。

应用效果

已在南方主要省区指导营建二代无性系种子园1 000亩以上，指导近5 000亩马尾松种子园升级换代与精细化培育，提升了马尾松的遗传改良水平与良种基地建设的技术进步。

推广应用前景

该技术适用于我国南方各省的马尾松用材林、脂用林主要栽培基

马尾松结实球果

地，提高种子园集约化管理水平，降低良种生产劳动力投入成本，缓解马尾松大径材和材脂兼用林培育急需质优量足的良种问题，显著提升马尾松高世代良种的使用率。

矮化马尾松无性系种子园（浙江省兰溪市）

截干矮化丰产母株冠形

成果来源："马尾松高效培育技术研究"项目

联系单位：中国林业科学研究院亚热带林业研究所

通信地址：浙江省杭州市富阳区大桥路 73 号

联 系 人：周志春、张振

电　　话：13336073316、15267183872

邮　　编：311400

马尾松良种轻基质容器育苗技术

成果背景

马尾松育苗多以黄心土为基质，采用薄膜、塑料或无纺布育苗袋，苗木易窝根、偏根，质量参差不齐，制约了优质良种壮苗的规模化繁育，亟须研发马尾松良种轻基质容器育苗技术。

技术要点与成效

1. 技术要点

针对南带（半年生和 1 年生苗）、中带和北带（1 年生苗）不同地理区域马尾松良种苗木，优化了轻基质容器育苗技术，技术要点如下。

（1）育苗容器规格：采用组合育苗装置，装置主体呈蜂窝状空腔杯体，底部通孔离地，可组合多种口径杯体；半年生苗木选用上口径 5.5 cm，下口径 4.5 cm，高 9 cm 的杯体，1 年生苗木选用上口径 9.5 cm，下口径 8.5 cm，高 9.5 cm 的杯体；也可采用规格为 4.5 cm×10 cm 的无纺布容器袋。

（2）轻基质育苗配方：以泥炭土为主，添加炭化谷壳或椰糠、珍珠岩等，各种轻基质材料的适宜配比为泥炭（60%）+ 炭化谷壳或椰糠（30%）+ 珍珠岩（10%），同时添加控释肥；控释肥氮磷钾养分配比：N∶P∶K=（18 ～ 21）∶（4.5 ～ 5.0）∶（10 ～ 12），基质中控释肥添加量为半年生苗木 2.0 ～ 2.5 kg/m³，1 年生苗木 2.5 ～

$3.5\ kg/m^3$，作为基肥一次性使用，苗期无须追肥。

（3）轻简化育苗：育苗架填装基质后提前 1～2 天用 0.1%～0.3% 高锰酸钾溶液灭菌；沙床播种催芽，将长 3～5 cm 的马尾松芽苗植入基质中，适当压实，淋透水；也可采用直接点播的方式育苗，每容器袋播种 2 粒种子；采用自动喷淋系统每天均匀喷雾淋水 2～4 次，保持基质湿润；初期芽苗幼小，可用遮阳网避免正午暴晒，或覆盖薄膜抵御寒潮大风天气。

（4）菌根化育苗：播种时在播种穴下方置入由蛭石与松乳菇菌丝体悬浮液制作成的固体菌剂 0.3 g。

2. 技术成效

该技术的应用可使半年生和一年生的苗高和地径增长 39.9% 以上，叶、茎生物量增长 30.4% 以上，主根和侧根生物量增长 60.2% 以上，根冠比提高 24.7% 以上，根系总长和总体积提高 173.4% 以上；接种根菌的容器苗苗高、地径、整株干质量和整株磷吸收量比不接种分别增加 2.34%、6.40%、20.69% 和 18.08%，高径比、根冠比和整株磷含量分别降低 4.09%、3.87% 和 3.23%。

轻基质育苗配方筛选试验对比效果

应用效果

已在浙江、广东等国家马尾松良种基地和省级林业保障性苗圃示范应用，并辐射推广到广西、福建、江西等马尾松主要栽培区，年苗木生产能力可达2 000万株，Ⅰ级苗出圃率达到90%，造林成活率达到95%以上。成果的应用显著提高容器苗质量和育苗效率，降低了育苗生产成本。

推广应用前景

　　马尾松轻基质育苗容器、育苗配方与施肥技术措施等可广泛用于我国南方马尾松主要栽培区，基质重量轻，保水、透气性能优良，苗木根系发达，缓苗期短，成活率高，生长快，苗木轻，易搬运上山，降低了造林劳动强度和运输成本，特别是在困难立地条件下的造林效果更为显著。

生产育苗
（浙江省丽水市庆元县）

育苗基质养分添加试验
（浙江省丽水市庆元县）

成果来源："马尾松高效培育技术研究"项目
联系单位：中国林业科学研究院亚热带林业研究所、广东省林业科学研究院
通信地址：浙江省杭州市富阳区大桥路73号、广东省广州市天河区广汕一路
　　　　　233号
联系人：周志春、何波祥
电　话：0571-63310041、020-87033126
邮　编：311400、510520

油松种子园母树提质增产整形技术

成果背景

我国现有油松种子园采种母树随植株年龄增长，结实层持续上移，30~40龄以上植株的主结实层多在5 m以上，存在采种成本高、生产安全风险高、有效采收率低、控制授粉和高接换头技术难以实施等问题，成为制约现有油松种子园产量和质量提升的技术瓶颈。

技术要点与成效

（1）无性系分级：根据种子园无性系当代或子代生长性状遗传测定结果，高于平均值的为截顶无性系，低于平均值的为去雄无性系。

（2）截顶增产：对高值无性系植株，保留主干1 m以上、3 m以下的3层活轮生枝（以保留低位活轮枝层数量为准），在上一层轮生枝基部截除树冠（保留第三层活轮生枝以上的一年主干）。

（3）修枝提质：基于雄花枝位于树冠下中部，保留低值无性系植株主干顶部3层活轮生枝，截除以下轮生枝，并留上树采种梯道。

（4）作业时间：初冬，可为树体营养重新分配留更多时间。

处理第三年截顶植株平均球果量超过对照30%；修去低质无性系雄花枝，子代现实增益可提高20%。

应用效果

母树提质增产整形技术可提高作业效率，降低作业强度，采种简便、安全、高效、经济，可有效增收，种实采收率可达 100%，一次作业可以连年受益，技术效益可以提高 10 倍。已在陕西、甘肃、内蒙古、山西和河南等省（区）的部分油松良种基地推广应用。

树体矮化后冠形与结实

推广应用前景

鉴于技术成熟、效果良好、效益突出，可在全国 14 个油松良种基地全面推广，对其他松树良种基地有借鉴意义。

成果来源："油松等速生用材树种高效培育技术研究"项目
联系单位：北京林业大学
通信地址：北京市海淀区清华东路 35 号
邮　　编：100083
联 系 人：李悦
电　　话：13141306728
电子邮箱：liyue@bjfu.edu.cn

刺槐良种无性系轻基质
容器育苗技术

成果背景

刺槐适应性广泛，是兼有建筑、蜜源、饲料、能源、生态和景观等多样用途的优良树种。其育苗主要采取无性繁殖，而枝条扦插生根困难且成苗率低，限制了良种无性系推广应用。

技术要点与成效

1. 技术要点

（1）良种材料：'绿满青山''蜜源1号''多彩青山'1年生枝条，枝条粗度 1.0～1.5 cm，生长健壮无病虫害。

（2）穗条沙藏：12 月底至翌年 2 月初采集枝条，每 10 根 1 捆，斜 45°摆放在沙藏池内，捆与捆之间留间隙使之与湿沙充分接触，越冬保藏。

（3）插穗制备：3 月初取出沙藏插条，剪截成长度 12～15 cm 的插穗，上剪口离芽 0.5～1.0 cm，下端从芽眼处削成马蹄形，每系号 30 根扎捆。

（4）插穗处理：将插穗基部 2～3 cm 浸泡在 ABT 1 号生根粉 400 mg/kg 溶液里处理 48 h，用多菌灵进行杀菌消毒。

（5）倒置催根：做催根床，底层铺 4～5 cm 厚湿沙。将插穗倒置放入催根床内，上层覆盖 4～5 cm 厚度的湿沙，同时埋入电热丝。

保持恒温 25 ～ 28℃，相对湿度 60%～70%。倒置催根培养 10 天。

（6）绿色轻基质容器制备：选用可降解无纺布作为容器材料，直径 × 高度 =（6.5 ～ 10）cm × 12 cm；基质配比为珍珠岩 60%＋蛭石 20%＋草炭 20%＋杀菌剂混合物。

（7）催芽育苗：将生根插穗置入容器中，在大棚内催芽育苗；棚内温度保持 20 ～ 30℃，培养 20 天，新梢生长至 20 ～ 30 cm 时，移至炼苗圃内炼苗；1 个月后移栽至大田育苗。

2. 技术成效

与传统技术比，硬枝扦插生根率和苗木成活率可提高 30%～50%，生根率最高达 95% 以上，育苗时间缩短 1 ～ 2 个月，容器苗造林费用低，缓苗期短，显著提高了造林成活率和幼林生长量。

应用效果

已经在鲁中南、鲁西北、鲁东等适生区域推广应用，繁育刺槐苗木 22 万株。在山东省费县、莱阳市和巨野县建立试验示范林 400 亩，增加经济效益 257 万元。

推广应用前景

该技术的应用对于促进刺槐种苗产业提质增效，提高刺槐人工林良种使用率和生产力，具有重要作用，推广应用前景广阔。适用于我国黄河中下游、淮河流域、海河流域以及长江下游各地刺槐的主要栽培区。

成果来源："油松等速生用材树种高效培育技术研究"项目

联系单位：山东省林业科学研究院

通信地址：山东省济南市历下区文化东路 42 号

邮　　编：250014

联 系 人：茍守华、毛秀红

电　　话：0531-88557603、0531-88557793

第三篇
高效培育技术

杉木大径材多目标可持续经营技术

成果背景

杉木是我国南方重要的速生用材树种，由于培育目标不明确，培育技术不配套，导致市场需求的大径材长期短缺。本项成果构建了基于大径材产量和质量提升、兼顾地力维持的多目标杉木大径材高效培育技术，为我国杉木产业的转型升级和持续健康发展提供重要的技术支撑。

技术要点与成效

基于遗传控制、立地控制、精准密度控制、轮伐期控制及近自然经营等系列关键技术，构建出以大径材产量最大化为主要目标、兼顾特大径材（直径 ≥ 40 cm）产量提升和地力维持的杉木大径材多目标可持续经营技术。与传统杉木大径材模式相比，该技术培育的大径材出材率提高 28%，解决了杉木大径材出材量和出材率偏低，以及地力下降明显等技术难题，实现了杉木大径材林分质量的精准提升。

杉木大径材多目标可持续经营技术

项目	不同立地指数的营林措施组合及产量指标		
	立地指数 18	立地指数 20	立地指数 22
造林密度（株 /hm²）	2 500	2 500	2 500
造林材料	良种	良种	良种
苗木规格	Ⅰ级、Ⅱ级苗	Ⅰ级、Ⅱ级苗	Ⅰ级、Ⅱ级苗

续表

项目	不同立地指数的营林措施组合及产量指标		
	立地指数 18	立地指数 20	立地指数 22
整地方式	块状	块状	块状
整地规格（cm×cm×cm）	50×50×40	50×40×40	50×40×40
抚育次数	2次—2次—1次	2次—2次—1次	2次—2次—1次
首次间伐时间（年）	10～11	9～10	9～10
首次间伐保留密度（株/hm²）	1 500～1 800	1 200～1 500	1 200～1 500
第二次间伐时间（年）	16～17	15～16	15～16
第二次间伐保留密度（株/hm²）	950～1 050	750～900	675～825
林下植被管理	林下套种阔叶树600～900株/hm²或促进林下天然更新	林下套种阔叶树600～900株/hm²或促进林下天然更新	林下套种阔叶树600～900株/hm²或促进林下天然更新
主伐年龄（年）	40～45	35～40	35～40
采伐方式	皆伐	皆伐	皆伐
平均胸径（cm）	26.22～27.68	28.21～30.35	31.31～33.00
平均树高（m）	21.32～22.01	22.71～23.68	24.98～26.05
蓄积量（m³/hm²）	560.04～609.51	570.53～651.18	640.38～742.78
大径材出材量（m³/hm²）	344.76～406.94	396.60～473.70	489.44～614.50
大径材出材率（%）	59.75～68.79	65.55～77.15	74.54～84.82
特大径材出材量（m³/hm²）	15.71～28.73	30.30～60.45	67.85～125.95
特大径材占总大径材出材量的比例（%）	4.56～7.06	7.62～12.80	13.15～21.61

应用效果

　　已在福建、广西、广东、湖南等地推广近 3 000 亩，提高经济效益超过 6 000 万元，对提升我国南方地区生态建设、促进地方经济发展有着重要的推动作用。

杉木大径材培育林分

推广应用前景

　　该技术主要适用于我国杉木分布区中的中带中东区及其他产区中林地立地指数达 18 或以上的局部造林区域。成果不仅可提高杉木大径材和特大径材的出材量和出材率，提升林地地力，而且还可提高林分生物多样性，增强林分碳吸存能力，从而保障我国木材安全及生态安全。

成果来源:"杉木高效培育技术研究"项目
联系单位: 福建农林大学
通信地址: 福建省福州市仓山区上下店路 15 号
邮　　编: 350002
联 系 人: 林开敏、曹光球
电　　话: 13696837197、13599391791

杉木短周期小径级速生材高效培育技术

成果背景

按杉木速生丰产林中长期经营模式，非中心产区通常表现为中幼林速生而成熟林达不到丰产标准，难以培育大径材，林地生产力及经营效益偏低。该成果集成立地、遗传及土壤质量等控制技术，构建了类似农作物种植模式的杉木人工林高密度、短轮伐期集约培育技术，为提升该区域杉木人工林经营效益提供技术支撑。

技术要点与成效

系统开展了遗传控制、立地控制、密度控制、轮伐期控制及林粮间作等关键技术研究，构建了以小径级速生材为培育目标的高密度超短周期高效培育技术。与杉木速生丰产林标准或常规杉木经营模式相比，造林密度提高 1.5 倍以上，经营周期缩短一半左右，可充分利用土地资源，提前郁闭且无须进行间伐，降低管理成本，显著提高经营效益，单位面积收入达 15 万元 /hm^2，投入产出比达到 1 ：4.9。

杉木短周期小径级速生材高效培育技术模式

项目	技术模式
区域	杉木适生区
造林地条件	选择海拔 800 m 以下、地位指数 16 m 及以上的低山丘陵岗地，坡度小于 15° 的缓坡地，或山洼、谷底、山坡的中下部，土层厚度 60 cm 以上，土壤疏松湿润，排水良好

续表

项目	技术模式
造林材料	适宜本区域栽培并通过审（认）定的优良种源、种子园、家系种子以及优良无性系，达Ⅰ级苗标准
整地和造林技术	造林前一年秋冬季机械全垦深耕整地，深度超过 50 cm，清除树根和碎石，造林前耕耙 1～2 次。挖 30 cm×30 cm×30 cm 栽植穴，施钙镁磷肥 250 g/穴或腐熟厩肥 2.5 kg/穴作为基肥；造林密度为 4 000～6 000 株/hm²［株行距 1.2 m×（1.4～1.8）m］，立地条件较好可适度提高造林密度
抚育管理	造林后第一至第三年每年抚育 2 次，亦可间作西瓜、豆类等矮秆作物以耕代抚。未间作林分造林第二到第三年每年施肥 1 次，每株施复合肥 30～50 g。轮伐期内不间伐
轮伐期及产量指标	10～12 年进行主伐，立地条件较好或造林密度较高的林分可根据经营目标适度降低主伐年龄。主伐时林分平均胸径不低于 10 cm，径级 8 cm 以上立木株数占总株数比例超过 80%，单位面积蓄积年生长量达到 15 m³/hm²，比杉木速生丰产林指标提高 80% 以上

应用效果

在鄂东南等杉木主要产区推广应用超过 30 万亩，大多以农户或企业充分利用荒山资源自主经营，通过承包或林地流转宜林荒山荒地营造杉木短周期小径材高效培育人工林，实现了资源增量、林业增效、农民增收的现实目标，对推动相关产业发展、精准扶贫、乡村振兴具有积极意义。

推广应用前景

该成果适合我国杉木适生区域，可大幅度提高木材培育的经济收益，促进区域杉木生产力的显著提升，推动区域杉木产业健康发展。

杉木短周期小径级速生材培育示范林

成果来源："杉木高效培育技术研究"项目

联系单位：湖北省林业科学研究院

通信地址：湖北省武汉市东湖新技术开发区森林大道枫林路 39 号

邮　　编：430075

联 系 人：许业洲、杜超群

电　　话：13871225054、13554048927

杉木红心材高效培育技术

成果背景

针对我国木材市场红心杉装饰材资源紧缺，尤其是高值化装饰材的需求及红心杉木材质差异等特点，以提高红心杉装饰材林分产量和木材质量为目标，构建了红心杉装饰材培育技术，解决了红心杉装饰材培育过程中的系列技术难题。

技术要点与成效

从遗传控制、立地控制、密度控制和轮伐期控制等角度系统构建出一套科学的红心杉装饰材高效培育技术，红心杉红心率提高5%，增加了红心杉装饰材的附加值及经济效益，丰富了我国木材市场的材种结构，拓宽了传统杉木的应用领域。

红心杉装饰材高效培育技术模式

项目	技术模式
区域	杉木适生区
遗传控制	筛选适合红心杉装饰材培育的陈山红心杉种源和陈山红心杉优良无性系 '636' '642' '904' '936' 等
立地控制	立地指数 16 及以上，通过施肥、林下植被调控进行立地管理
密度控制	造林密度为 1 667 ～ 2 500 株 /hm² 幼龄林间伐强度为 30% ～ 35%，间伐后保留密度 1 650 ～ 1 725 株 /hm²；中龄林间伐强度为 10% ～ 15%，间伐后保留密度 1 350 ～ 1 425 株 /hm²；近成熟林间伐强度为 10% ～ 15%，间伐后保留密度 1 050 ～ 1 125 株 /hm² 采用间伐木自动选择技术实施间伐

续表

项目	技术模式
轮伐期及产量指标	红心杉心材形成初龄为 7 年，40 年红心率达到最大值，50 年红心率趋于稳定。红心杉工艺轮伐期在 40～45 年。工艺成熟轮伐期时红心率可达 55%～60%，比现有轮伐期 50.5% 的红心率提高 5% 以上

应用效果

已在江西、福建、湖南、云南等地辐射推广 9 万余亩，有效带动 4 省份的 6 区（县）农民增收，推动了当地杉木人工林经营的产业升级，有力地支撑了乡村振兴和精准扶贫。

推广应用前景

该技术广泛适用于我国南方杉木分布区，特别是杉木中心产区，可以取得明显的经济、生态和社会效益。

红心杉培育示范林和优质种苗

成果来源： "杉木高效培育技术研究" 项目

联系单位： 中南林业科技大学

通信地址： 湖南省长沙市韶山南路 498 号

邮　　编： 410004

联 系 人： 邓湘雯

电　　话： 13875881027

日本落叶松纸浆材定向培育技术

成果背景

　　日本落叶松生长快、纤维长，特别适用于生产包装纸等高撕裂度、高挺度的纸种。但由于引种日本落叶松人工林培育技术研究时间短、技术环节较为零散，造成以生产纸浆为目的的林分生产力低，达不到规范化、集约化培育纸浆林的需要。因此，有必要建立日本落叶松纸浆林标准化、规范化培育模式，提高纸浆林的生产力。

技术要点与成效

　　（1）依据自然地理、水热条件和日本落叶松生长差异，将日本落叶松纸浆材栽培区划分为Ⅰ类产区（中北亚热带亚高山区）、Ⅱ类产区（暖温带中山区）和Ⅲ类产区（温带低山丘陵区）。

　　（2）选用经国家或省级林木良种审（认）定的纸浆材优良无性系或家系良种，使用容器育苗方式繁育苗木，选取Ⅰ级苗上山造林。

　　（3）造林地需土层大于 30 cm 以上的阴坡、半阴坡和半阳坡，地位指数 15 m 以上。

　　（4）在Ⅰ类产区采用 60 cm×60 cm×35 cm 的穴状整地方式，初植密度每公顷 3 300 株，造林后前 3 年开展 2 次—2 次—2 次的扩穴除草抚育，不需间伐，15～23 年可一次性采伐，收获林分蓄积量每公顷 137 m³；Ⅱ类和Ⅲ类产区造林时分别采用 40 cm×40 cm×35 cm 和 40 cm×30 cm×30 cm 的穴状整地方式，初植密度均为每公顷

辽宁清原县大孤家林场日本落叶松纸浆材
定向培育试验示范林

3 300 株，造林后前 3 年开展 2 次—2 次—1 次的扩穴除草抚育，不需间伐，15 ～ 26 年可一次性采伐，收获林分蓄积量每公顷 134 m^3；比常规经营的日本落叶松林分蓄积量提高 15.6%。

应用效果

已在中北亚热带亚高山区的湖北长岭岗林场、暖温带中山区的甘肃小陇山高桥林场和温带低山丘陵区的辽宁大孤家林场示范推广 2 500 余亩，15 ～ 26 年采伐时每亩蓄积量增产 1.4 m^3，每亩增加收益 1 120 元。

推广应用前景

该技术实现了日本落叶松纸浆林标准化培育，提高了林分产量，适用于温带低山丘陵区、暖温带中山区和北亚热带亚高山区日本落叶松适生区的林业生产经营单位以及林农，应用前景广阔。

成果来源："落叶松高效培育技术研究"项目
联系单位：中国林业科学研究院林业研究所
通信地址：北京市海淀区香山路东小府 1 号
邮　　编：100091
联 系 人：陈东升
电　　话：13716052536

长白落叶松多目标经营优化技术

成果背景

长白落叶松是东北林区主要造林树种之一，是当地宝贵的乡土树种。传统的森林经营规划多以木材生产实现经济价值的最大化为目标，对森林生态价值关注较少。因此，在"双碳"背景下，有必要探索多功能森林经营模式来提升东北林区人工林质量和生态服务功能。

技术要点与成效

通过建立基于长白落叶松林分生长规律的多目标经营规划模型，形成了不同立地条件（地位指数 14 ～ 22 m）、不同初植密度（每公顷 2 500 株和 3 300 株）下的长白落叶松人工林兼顾经济效益、大径材产量和碳储量的多目标经营技术，实现了根据不同立地条件和经营目标落叶松人工林轮伐期动态调整为 45 ～ 66 年，比目前国内实施的落叶松主伐年龄（41 年）延长了 4 ～ 25 年，与相同条件下的现实林分相比，主伐时每公顷林分蓄积量平均提高 16.3%，大径材比例达 30% 以上，碳储量提高 22%，为精准提升长白落叶松人工林质量和完善森林经营技术规程提供了重要依据。

应用效果

已在黑龙江佳木斯市、牡丹江市等地示范应用，使长白落叶松人工林在轮伐期内单位面积收获量及年均蓄积量提高 15% 以上，每

长白落叶松人工林多目标经营技术

造林密度（株/hm²）	地位指数（m）	第一次采伐				第二次采伐				第三次采伐				主伐			
		林龄（年）	保留株数（株/hm²）	蓄积强度（%）	断面积强度（%）	林龄（年）	保留株数（株/hm²）	蓄积强度（%）	断面积强度（%）	林龄（年）	保留株数（株/hm²）	蓄积强度（%）	断面积强度（%）	年龄（年）	总蓄积量（m³/hm²）	大径材蓄积量（m³/hm²）	碳储量（t/hm²）
2 500	16	23	1 030	≤18	≤18	34	620	≤18	≤20					61	467	109	139
	18	22	970	≤18	≤19	33	610	≤17	≤19					59	485	124	148
	20	22	930	≤16	≤19	33	610	≤18	≤18					57	577	171	159
	22	21	880	≤16	≤19	32	600	≤18	≤20					56	559	168	149
3 300	16	21	1 360	≤17	≤18	30	950	≤16	≤16	47	660	≤14	≤14	66	500	132	146
	18	20	1 330	≤14	≤16	29	920	≤15	≤17	45	640	≤15	≤17	63	520	132	152
	20	20	1 200	≤13	≤13	27	830	≤14	≤16	43	580	≤13	≤15	58	530	145	153
	22	16	1 160	≤13	≤14	26	810	≤14	≤16	39	560	≤12	≤14	54	500	130	138

公顷可增收约 2 万元。

推广应用前景

  主要面向黑龙江省和吉林省林区以长白落叶松为主要栽培区的林业生产经营单位以及林农，为主栽区的长白落叶松木材生产开辟了新途径，有望提高东北林区长白落叶松人工林森林经营的整体水平，进而促进当地森林资源经济、生态和社会效益的持续协调发展，应用前景广阔。

黑龙江省孟家岗林场长白落叶松多目标经营试验示范林

成果来源："落叶松高效培育技术研究"项目
联系单位：东北林业大学
通信地址：黑龙江省哈尔滨市香坊区和兴路 26 号
邮　　编：150040
联系人：李凤日、董利虎
电　　话：13503637477、15663526673

华北落叶松大径材目标树经营技术

成果背景

华北落叶松是华北地区优良的生态、用材兼用树种,在栽培区发挥了重要的经济和生态效益。但是,华北落叶松经营过程中,存在着多纯林、少混交、重造林、轻培育的现象,导致生产力、林分质量整体偏低,生态功能强、经济效益高的大径材培育技术亟待集成创新。为此,根据华北落叶松人工林主要栽培区气候、土壤、生物等自然条件,建立华北落叶松大径材目标树经营技术,为保障国家木材供给安全和生态安全提供支撑。

技术要点与成效

建立了华北落叶松目标树选择概率模型,提出了半亩小样圆目标树选择技术和平均面积控制法,形成了华北落叶松大径材经营作业法。该技术成果的应用使河北、山西和内蒙古的大径材目标树经营试验示范林分立木蓄积每公顷达 $140 \sim 197 \ m^3$,单位面积蓄积量提高 16% 以上,大径材出材率达 50% 以上,林下植物多样性提高 38.2%,实现了华北落叶松大径材人工林优质、丰产和高效的经营目标。

华北落叶松大径材目标树经营技术模式

项目	技术模式
区域	大兴安岭余脉、内蒙古高原、燕山、阴山、太行山、吕梁山、贺兰山、六盘山、祁连山、秦岭等
范围	河北、山西、辽宁、内蒙古、天津、北京、河南、宁夏（宁夏回族自治区，全书简称宁夏）、青海、甘肃、山西等省（区）的山地、高原和接坝地区
优良品种选择	国家和地区审（认）定品种，包括'龙林1号''龙林2号''龙林3号''龙林4号''龙林5号'等
立地选择	年均降水量大于400 mm以上，土层大于30 cm以上的阴坡、半阴坡和半阳坡，地位指数14以上
目标树和采伐木选择技术	目标树确定标准：优势木，干形通直，树冠饱满，无病虫损伤，高径比70～80，冠高比0.5～0.7 目标树选择：半亩小样圆目标树选择技术和平均面积控制法 采伐木选择：优先伐除Ⅳ级木、Ⅴ级木、干扰树和病腐木 目标树数量：每公顷终选目标树株数为80～100株
抚育管理	混交树种选择：白桦、紫椴、水曲柳、蒙古栎、樟子松、油松、云杉等 混交比例：华北落叶松所占比例不低于65% 抚育采伐：幼龄林开始，伐后郁闭度不低于0.6，抚育间隔期5～10年 修枝：幼龄阶段保留冠长不低于树高的2/3；中龄阶段不低于树高的1/2
生长发育阶段和产量指标	生长发育阶段划分：森林建群阶段，竞争生长阶段，质量选择阶段和近自然阶段 目标树培育胸径达到35～50 cm以上，生长年限一般为45～80年；大径材树高达8 m以上，林分蓄积量达140 m³/hm² 以上

应用效果

已在河北燕山山地、山西太行山和吕梁山、内蒙古阴山等地推广近 50 万亩，成功应用于《河北省塞罕坝机械林场森林经营方案（2021—2030）》中，为塞罕坝林场二次创业提供了有力技术支撑，向全国森林经营试点单位推广应用。通过该技术成果的实施，华北落叶松人工林质量明显改善，生态服务功能全面提高，并为农户增收和地方经济发展作出了积极贡献。

河北省塞罕坝机械林场华北落叶松目标树大径材经营试验示范林

推广应用前景

适合我国大兴安岭西部余脉、燕山、太行山、吕梁山、阴山、贺兰山、六盘山、秦岭和祁连山脉等华北落叶松主要栽培地区推广应用。

成果来源：“落叶松高效培育技术研究”项目

联系单位：河北农业大学

通信地址：河北省保定市莲池区乐凯南大街 2596 号

邮　　编：071000

联系人：张志东

电　　话：15230493921

黄泛平原区杨树纤维材人工林营建技术

成果背景

针对我国黄泛平原区杨树纤维材人工林培育产量偏低、效益不高等问题，从立地选择、品种适配、整地技术、肥水管理、复合经营、轮伐期等方面开展了研究，构建了杨树纤维材高效培育技术模式。

技术要点与成效

针对黄泛平原潮土或沙土，选用良种'欧美杨 107'杨、'鲁林 1号'杨、'鲁林 9 号'杨、'鲁林 16 号'杨、'渤丰 1 号'杨、'中雄 1 号'杨、'中雄 2 号'杨、'黄淮 3 号'杨等，常用株行距（2～3）m×（4～6）m，一般在秋冬季或春季进行全面整地，整地前可每公顷施土杂肥 22.5 t 以上，每公顷掺入过磷酸钙约 750 kg。全面深耕 30～40 cm，整平清除杂物，打点挖穴，树穴长、宽、深均为 0.8～1.0 m。用"三埋两踩一提苗法"栽植，覆土厚度高于苗木原土痕 1～2 cm，栽植后及时浇透水。栽植后抚育，幼林及时松土除草浇水，适宜结合林下间作物管理进行，以耕代抚；或每年 4—6 月灌水 2～3 次，每次每公顷灌水量 450～750 m³，追肥与浇水结合进行，5—6 月施肥，每年每公顷施肥量折合氮 52.5～75 kg，钾肥可不施。及时疏除死枝、濒死枝。郁闭后，结合当地社会适宜发展林畜、林禽、林药等复合经营。一般为 6 ～ 8 年皆伐。

应用效果

已在山东、河南等省推广应用，使杨树人工林生产力提高 20%以上，生物量指标得到明显提高，对防风固沙改善当地小气候发挥了积极生态作用。

山东省菏泽市鄄城县国有第一林场 5 年生杨树纤维材示范林

推广应用前景

适合我国黄泛平原杨树人工林种植地区推广应用，可提高杨树纤维材人工林产量和质量，促进当地杨树产业升级。

成果来源：	*"杨树工业资源材高效培育技术研究"* 项目
联系单位：	山东省林业科学研究院
通信地址：	山东省济南市历下区文化东路 42 号
邮　　编：	250014
联系人：	董玉峰
电　　话：	13864058357

长江下游平原杨树人工林林分结构调控与维持技术

成果背景

南方型黑杨是我国长江下游平原林区造林面积最大、生产力最高的人工林用材树种，但是由于长期多采用高密度造林方式，林分结构不合理，缺乏合理的树体管理措施，导致林地生产力不高，特别是优质大径材比例低、林分生物多样性减少、生态功能衰退，严重制约了杨树人工林的可持续经营以及经济、生态、固碳等多种功能的发挥。因此，亟须根据长江下游主栽杨树无性系的生物学和生态学特性以及相应的造林立地和社会经济条件，优化构建杨树大径级工业资源材高效培育的林分结构。

技术要点与成效

明确了杨树无性系、林分结构构建（造林密度、配置、混交）和调控（修枝等树体管理）对南方型黑杨人工林生长、生物量分配、大径材生产效率、材性、林下植被生物多样性、土壤养分转化特征和供应的影响，优化集成和组装了南方型杨树大径材高效林分结构构建和调控配套技术，可以使南方型黑杨大径材人工林在轮伐更新时的林分立木蓄积每公顷年生长量达 $20 \sim 30 \text{ m}^3$，林地生产力提高 $13\% \sim 20\%$，胶合板材等大径级材比例达 45% 以上，木材圆满度和木材利用率等质量指标明显提高，实现了杨树大径材人工林优质、丰产和高效的经营目标。

南方型黑杨大径级工业资源材高效培育的林分结构构建技术模式

项目	技术模式
区域	长江下游平原区
范围	江苏、安徽等地的江河和湖泊滩地
造林地条件	地势平坦，有效土层厚度大于 1 m，土壤容重小于 1.4 g/cm³，立地指数 18 以上
无性系选择	国家和地区审（认）定品种，包括'泗杨 1 号''南林 3804''南林 3412''南林 895''南林 95''苏杨 7 号'等
整地和造林技术	植苗造林：采用苗高不低于 3.5 m、地径不低于 3.5 cm 的大苗造林，穴状整地，栽植穴 0.8 m×0.8 m×0.8 m 以上，穴施复合肥 0.4～0.5 kg 插干造林：立地指数 20 以上、土壤质地疏松的湖泊和江河滩地，优先采用 2 根 1 干大苗，要求苗高不低于 5 m、地径不低于 4 cm，插干深度 0.8～1 m
林分结构构建和调控	多无性系小块状混交；造林密度 270～400 株/hm²，优先采用正方形配置。造林后前 4 年林下间作小麦、大豆等作物，不进行间伐，3～4 年、5～6 年各进行一次修枝，修枝强度到树高 1/3 处
林地管理	5～6 年施肥一次，施复合肥 150～200 kg/hm²。雨季需加强挖沟排水，保证地下水位大于 50 cm
轮伐期和产量指标	轮伐期 12～13 年，主伐时胸径达 40 cm 左右，无节良材高度达 8 m 以上，立木蓄积年生长量达 20～25 m³/hm²

应用效果

已在江苏、安徽等省的多个地区推广应用超过 200 万亩，预计新增产值超过 8 亿元。该成果的应用吸引了大量企业和外源资金向当地转移，推动了当地杨树产业升级，扩大了当地农民的就业渠道，为农户增收和地方经济发展做出了积极贡献，有力地支撑了乡村振兴和精准扶贫。

适合我国长江下游平原林区，以及长江中游和黄淮平原区南方型黑杨速生丰产用材林建设重点地区，对提高南方型黑杨大径材培育水平，缓解市场杨树大径材资源短缺，推进杨树产业转型升级具有重要意义。

江苏省陈圩林场美洲黑杨林分密度和结构控制试验示范林

成果来源："杨树工业资源材高效培育技术研究"项目
联系单位：南京林业大学
通信地址：江苏省南京市龙蟠路 159 号
邮　　编：210037
联 系 人：方升佐
电　　话：025-85428603

内蒙古半干旱区青杨类杨树钻孔深栽造林技术

成果背景

杨树是内蒙古半干旱地区营造用材林、防护林、固沙林以及"四旁"绿化的首选树种。在传统的人工穴状造林、开沟造林的情况下，当蒸发量常年维持高水平的沙地发生持续干旱、降水量减少等情况时，很难保证造林的成活率，且造林后的灌溉成本较高。因此，研发新的适用造林技术体系显得尤为重要，钻孔深栽造林技术解决了沙地干旱、半干旱条件下造林难的问题。

技术要点与成效

为提高内蒙古半干旱区杨树造林成活率和保存率，降低生态建设成本，提升杨树人工林生产力，在科尔沁沙地创新了钻孔深栽造林技术。

沙地机械钻孔，孔深 1.5～1.6 m，孔径 4～7 cm，将合格无根干苗插入孔中，回沙填实，地上部分留茬高度 1.2 m。造林成活后，应及早抹除萌生的大量侧芽，突出主干；造林第二年开始每年进行一次修枝，时间在初冬或早春为宜，主要修除粗大的竞争枝；造林 1～4 年修枝强度不宜超过树高的 2/3，造林 5 年及以上修枝强度不宜超过树高的 1/2。钻孔深栽造林杨树树高、胸径分别超出裸根开沟造林的 113% 和 97%。造林初期还可在林间间作豆科固氮植物，其中间作紫花苜蓿效益较高，可达每亩 930 元，且可显著提高造林成活率和保存率，树高和胸径比不间作分别超出 21% 和 24%。该成果为内蒙古半干旱区杨树人工林规模化高效培育提供了技术支撑。

内蒙古半干旱区青杨类杨树钻孔深栽造林技术模式

项目	技术模式
区域	干旱半干旱区
范围	内蒙古中东部、东北地区大部、山西北部
造林地条件	地下水位小于 14 m 的壤土、砂壤土
良种选择	'哲林 4 号''汇林 88 号''通林 7 号''拟青山海关'等
造林时间	春季钻孔造林：可选用冬季埋藏苗，浸泡 24 h 后造林，也可随起苗、随造林，但必须将苗木提前浸泡 3 ～ 5 天 秋季钻孔造林：采条后要浸泡 24 ～ 48 h，并做好假植，及时进行造林 冬季钻孔造林：最好选用初冬灌好封冻水圃地的苗木，可直接采条造林
苗木规格和造林技术	苗木规格：用 2 根 1 干干苗，苗高不小于 3.5 m、地径不小于 2.5 cm 的无根干苗 钻孔造林：根据造林设计的株行距和点位进行机械钻孔，孔深 1.5 ～ 1.6 m，孔径 4 ～ 7 cm 株行带距：2 m×4 m×8 m（双行一带）
抚育管理	造林后林下间作牧草、大豆等作物；第一年定干，2 ～ 4 年每年进行一次强度小于树高 2/3 的修枝，5 年后进行一次强度小于树高 1/2 的修枝

应用效果

已在内蒙古通辽等地造林 30 万亩。该技术不受地形起伏限制，不需提前整地，钻孔直径最大为 7 cm，对沙地原生植被不造成破坏，造林后不易出现风蚀。无灌溉条件下造林成活率可比机械开沟造林提高 20% 以上，造林成本降低 40% 以上，工作效率提高 6 倍以上，解决了幼树生长缓慢的问题，且采用无根干苗造林（一根多用）提高了苗木的利用效率。春、秋、冬三季均可造林，延长造林时间至230 天，为干旱和半干旱地区人工林规模化营建提供实用技术。

推广应用前景

　　适用于杨树、柳树等扦插易生根树种，地下水位小于 14 m 的各类型沙地造林，可大幅度提高人工林造林成活率和保存率，增加木材产量，同时防风固沙，经济生态效益显著，应用前景广阔。

机械钻孔栽植

钻孔造林 4 年长势情况

间作紫花苜蓿

成果来源："杨树工业资源材高效培育技术研究"项目
联系单位：通辽市林业和草原科学研究所
通信地址：内蒙古通辽市科尔沁区滨河大街林业和草原大楼0907室
邮　　编：028000
联 系 人：张金旺
电　　话：15047544330
详细信息可查询：http://lcj.tongliao.gov.cn

桉树纸浆林立地等级分类培育技术

成果背景

目前，桉树新造林因缺乏适宜桉树人工林立地类型划分和立地质量评价的技术，影响了桉树人工林经济效益、生态效益和社会效益的发挥。针对这些问题，提出按立地等级分类经营桉树纸浆林高效培育技术模式，以提升我国南方桉树纸浆林种植与经营管理水平。

技术要点与成效

构建了南方桉树纸浆林立地质量评价技术，将栽培区划分为滇南中山区、桂粤丘陵山区和雷琼台沿海地区3个类型区，包括11个立地类型小区，32个立地类型；编制了尾巨桉、尾细桉3个类型区的立地指数表。结合木材制浆工艺等研究，将纸浆林划分4个生长期、5个龄组、3个立地等级，按立地等级确定滇南中山区、桂粤丘陵山区尾巨桉主伐年龄分别为9年、8年和7年，琼雷台沿海地区尾细桉主伐年龄为8年、7年和6年，中等以上立地尾巨桉、尾细桉纸浆得率分别提高8.01%和5.55%以上，单位面积的产浆量增加0.9～1.2倍，木质素含量变幅仅1%。

应用效果

已在云南云景林纸林业开发有限公司、金光集团APP（中国）林务事业部华南区和云南普洱市卫国林业局等单位使用，滇南中山区、桂粤丘陵山区和雷琼台沿海地区桉树纸浆林年均蓄积量分别为

桉树纸浆材培育技术

项目		I立地级	II立地级	III立地级	传统培育模式（对照）
造林		株行距 2.5 m × 4.5 m（琼雷合沿海地区）1.5 m × 89～98 株/亩，免炼山，人工清杂	株行距：2 m × 3 m，1.5 m × 4 m（琼雷合沿海地区）111 株/亩，免炼山，人工清杂	株行距 1.5 m × 3 m，1 m × 4.5 m（琼雷合沿海地区）148 株/亩，免炼山，人工清杂	株行距 1.5 m × 3 m，2 m × 2 m，148～167 株/亩，人工炼山清杂
		人工挖穴：30 cm × 30 cm × 30 cm	人工挖穴：30 cm × 30 cm × 30 cm	人工挖穴：30 cm × 30 cm × 30 cm	人工挖穴：30 cm × 30 cm × 30 cm
		基肥 300 g 氮磷钾 +300 g 钙镁磷	基肥 300 g 氮磷钾 +300 g 钙镁磷	基肥 300 g 氮磷钾 钙镁磷	基肥 300 g 氮磷钾
抚育		种植当年适时抚育；第二年，2 次抚育（中耕）；第三至第四年抚育与追肥相结合	种植当年适时抚育；第二年，2 次抚育（中耕）；第三至第四年抚育与追肥相结合	种植当年适时抚育，2 次抚育（中耕）；第二年；第三至第四年抚育与追肥结合	种植当年适时抚育；第二年 2 次抚育（中耕）；第三年抚育与追肥相结合
追肥		连续 4 年追肥。第二至第五年每株追肥 0.5 kg；第二至第五年每株年每株追肥 0.6 kg。肥穴规格 30 cm（长）× 20 cm（宽）× 20 cm（深）	连续 4 年追肥。第二年每株追肥 0.5 kg；第三至第四年每株年每株追肥 0.6 kg。肥穴规格 30 cm（长）× 20 cm（宽）× 20 cm（深）	追肥：连续 4 年追肥，第二年每株追肥 0.5 kg；第三至第四年每株年每株追肥 0.6 kg。施肥穴规格 30 cm（长）× 20 cm（宽）× 20 cm（深）	追肥：连续 3 年追肥，每株追肥 0.3 kg，施肥穴规格 30 cm（长）× 20 cm（宽）× 20 cm（深）
采伐年限		8～9 年	7～8 年	6 年	5 年

每公顷 35.84 m^3、28.65 m^3 和 23.62 m^3。

> **推广应用前景**

　　该技术适用于滇南地区、两广和海南岛的桉树纤维原料林培育，解决了长期困扰林纸一体化发展及其经营的基础性关键技术瓶颈，有力提升我国南方桉树纸浆林经济效益和生态效益，促进桉树纸浆人工林持续健康发展。

成果来源："桉树高效培育技术研究"项目
联系单位：中国林业科学研究院热带林业研究所
通信地址：广东省广州市天河区广汕一路 682 号
邮　　编：510520
联 系 人：徐建民
电　　话：13609730753

尾巨桉大径材密度调控技术

成果背景

我国桉树商品林中大径材短缺，材种结构严重失调，木材价值低。造成这些问题的主要原因是桉树传统经营培育过程中缺乏相关的大径材栽培模式。密度调控技术是大径材培育的关键技术之一，本项成果建立了尾巨桉大径材培育密度调控技术模式，为该树种规划造林密度、间伐措施、培育目标材种提供科学依据。

技术要点与成效

（1）建立了尾巨桉中大径材立地指数表，确定标准年龄为 7 年，中大径材培育的立地指数 24 以上。

（2）提出了一种高产高效中大径材培育的初植密度 3 m×4 m 模式：轮伐期 9 年，中径材出材量为每公顷 229.44 m³，内部收益率达41%，分别比常规密度 2 m×4 m 提高了 35.4% 和 4 个百分点。明确初植密度 2 m×4 m 不适合用于培育桉树中大径材。

（3）提出了一种幼龄林间伐模式：立地指数 24 时，初植密度为2 m×3 m，4.5 年生间伐（每公顷保留 700 株），4 年后每公顷净现值 6.2 万元，直径 16 cm 以上木材每公顷 157.2 m³，分别比对照提高107.45% 和 90.91%。

（4）提出了一种中龄林间伐模式：立地指数 28 时，初植密度为2 m×4 m，8.5 年生间伐（每公顷保留 600 株），3.5 年后每公顷净现值 7.5 万元，直径 16 cm 以上木材每公顷 370.9 m^3，分别比对照提高 56% 和 26.39%。

尾巨桉密度调控技术模式

项目	技术模式		
区域	华南热带、亚热带地区，包括海南和广东全部地区、广西中南部地区，福建东南部和云南南部地区，四川盆地地区		
造林地条件	平原、台地、丘陵、山地中下坡；土壤为酸性或微酸性（pH 值为 4.5～6.5）的土壤，土层厚度大于 80 cm，肥沃疏松、水气通透性良好；立地指数 24 以上		
无性系选择	国家和地区审（认）定品种，包括尾巨按'DH32-29'和尾巨按'DH32-13'；扦插苗，选择营养杯培育，苗高为 15～25 cm		
整地和基肥	机械或人工挖穴，挖穴规格不小于 40 cm×40 cm×30 cm；平缓地区也可采用机耕带垦整地，深度为 30～35 cm；以钙镁磷作基肥，1 000 g/株		
造林密度	初植密度 3 m×4 m，833 株 /hm²；造林后 1 个月内进行 1～2 次查苗补植	1 667 株 /hm²，造林后 1 个月内进行 1～2 次查苗补植	1 250 株 /hm²，造林后 1 个月内进行 1～2 次查苗补植
间伐	不间伐	4.5 年生间伐，保留 700 株 /hm²	8.5 年生间伐，保留 600 株 /hm²
抚育追肥	造林后 1～3 年，每年抚育 1～2 次，除草、割灌，采用人工割除或者除草剂除草 追肥采用桉树专用复混肥，施肥量 500 g/株，施肥穴大小 40 cm×20 cm×20 cm	造林后 1～3 年追肥；间伐后每年追肥一次；追肥采用桉树专用复混肥 施肥量 500 g/株，施肥穴大小 40 cm×20 cm×20 cm	

续表

项目	技术模式		
产量指标	经济成熟年龄为 9 年；中径材出材量为 229.44 m³/hm²，超过常规栽培 29%；内部收益率达 41%，超过常规栽培 4 个百分点	间伐 4 年后，净现值 61 572 元 /hm²，目标材种（直径 16 cm 以上木材）157.2 m³/hm²，分别比对照提高 107.45% 和 90.91%	间伐 3.5 年后，净现值 74 852 元 /hm²，目标材种（直径 16 cm 以上木材）370.9 m³/hm²，分别比对照提高 56% 和 26.39%

桉树大径材培育密度试验林

应用效果

　　已在广西推广应用。采伐时桉树平均胸径提高 2 cm，木材经济收益显著增加，轮伐期延长，有效促进了桉树人工林健康可持续发展。

推广应用前景

　　该成果技术简单，容易推广，可在立地指数 24 以上的桉树种植地区推广应用，为桉树人工林由短周期人工林向较长周期大径材培育转型提供了关键技术支撑。

成果来源："桉树高效培育技术研究"项目
联系单位：中国林业科学研究院速生树木研究所
通信地址：广东省湛江市人民大道中 30 号
邮　　编：524022
联系人：何沙娥
电　　话：18813629082

尾巨桉与灰木莲混交的桉树中小径材多代经营技术

成果背景

尾巨桉是最主要的桉树品种之一，其造林方式主要是人工纯林集中连片种植。随着桉树人工林的大面积发展，部分不规范的造林方式导致其经营生态问题日益凸显，转变造林模式，改变以往的纯林造林为混交造林成为实现桉树高效可持续培育的造林新模式。

技术要点与成效

筛选了适宜与尾巨桉混交培育的造林树种，提出针对较短周期中小径级材培育目标的尾巨桉与灰木莲混交的多代经营技术，转变了以往单一树种大面积造林模式。采取 3 行尾巨桉与 2 行灰木莲带状同龄混交，尾巨桉实行中小径材经营，灰木莲实行大径材经营。经营周期为 24 ～ 30 年，尾巨桉在 8 ～ 10 年生时采伐利用，之后连续萌芽更新 2 次，每次均为 8 ～ 10 年，最后一次与灰木莲同时采伐。应用该技术，实现一个经营期内，混交林产值和利润分别比尾巨桉纯林提高 24% 和 15%，土壤有机质、全氮分别比纯林提高 13% 和 25% 以上。

尾巨桉与灰木莲混交的桉树中小径材多代经营技术模式

项目	技术模式
区域	华南及西南亚热带区域
范围	广西和广东中南部，海南和福建东南沿海、云南西南部等

续表

项目	技术模式
造林地条件	平原、台地、丘陵、低山等地貌，土层深度 60 cm 以上，壤质至轻壤质酸性土壤，石砾含量小于 30%。
无性系选择	国家和地区审（认）定的品种，如尾巨桉'广林 9 号'、尾巨桉'DH32-29'等无性系
整地和造林技术	整地：免炼山清理林地，带状（平原、台地及坡度小于 15°的林地）或穴状整地，带宽 100～150 cm、深 40～60 cm
	穴规格：穴面宽 60 cm、底宽 40 cm、深 35 cm
	造林密度：尾巨桉 1 250～1 666 株 /hm²；灰木莲 1 666 株 /hm²～2 000 株 /hm²
	造林方式：采取 3 行尾巨桉 +2 行灰木莲混交造林方式，尾巨桉株数占比不少于 60%
	造林用苗：尾巨桉苗高 25～35 cm，灰木莲苗高 100～150 cm，植苗时间不晚于 4 月
抚育管理	造林后前 3 年每年除草 1～2 次，追肥 1 次，肥料为总养分含量大于 30% 的有机无机专用复混肥，每次每株 500～750 g。4 年后视林地及林木生长状况，每 1～2 年除草、施肥抚育一次，连续 3～4 次，每次每株施专用复混肥 750～1 000 g。培育期内，灰木莲间伐抚育 2～3 次，第一次造林后 6～8 年，间伐强度 20%～30%，间隔 5～7 年进行下一次间伐，间伐强度 20%～30%
轮伐期和产量指标	尾巨桉实行中小径材经营，8 年生时主伐，伐后萌芽更新再主伐，再萌芽更新，共萌芽更新 2 次；混交树种灰木莲实行大径材经营，24 年生时与尾巨桉萌芽林一起主伐。在 24 年经营周期内，混交林总蓄积量可达 595 m³/hm²，其中尾巨桉总蓄积量 480 m³/hm²，灰木莲总蓄积量 115 m³/hm²

应用效果

已在广东、广西以及福建等多个省（区）推广应用 1.3 万余亩，促进农民增收 680 万元。该技术能够降低抚育管理成本，提高林分质量，增加木材产量，同时增加林下植物多样性、提高涵养水源功能、增强保育土壤能力，进而促进人工林与环境的可持续协调发展，实现桉树产业及人工林发展转型升级。

尾巨桉 + 灰木莲混交林

推广应用前景

　　可在广西、广东中南部、福建东南沿海、云南西南部和海南岛等桉树主栽区推广应用。广西、广东、福建等省（区）林业主管部门规定，在营造桉树用材林时需搭配 20% 的非桉阔叶用材树种，从政策上加大了发展桉树混交林力度，技术成果应用前景广阔。

成果来源："桉树高效培育技术研究"项目

联系单位：广西壮族自治区林业科学研究院

通信地址：广西南宁市西乡塘区邕武路 23 号

邮　　编：530002

联系人：陈健波

电　　话：13132814562

桉树挖穴施肥一体高效机械化经营技术

成果背景

目前，我国桉树人工林采取的传统纯人工或半人工经营作业方式存在工作强度大、安全性差、生产效率低等问题，随着劳动力成本增加，桉树常规种植利润空间越来越小，迫切需要开展高工效的桉树机械化经营技术研究与应用。但是由于大型林业机械成本高、技术操作要求高，众多体量较小的桉树经营单位无法承受，因此，在现有中小型林业机械的基础上进行改进，形成了适宜桉树经营主体的桉树挖穴施肥一体高效机械化经营技术。

钩机型

地转型

挖穴施肥一体机

技术要点与成效

（1）使用加强履带＋防侧翻架，降低了挖穴机整地挖穴的山地作业坡度限制，坡度 35° 以下的山地均可使用；垂直等高线行进，机械化挖种植穴，更有利于后期的机械抚育和机械采伐。

（2）实现挖坑施肥一体的平均作业效率为 89 穴 /h，较传统机械挖穴效率提高 10% 以上。

（3）机械挖穴和机械施基肥一体化，免除了一道人工施用基肥的工序，比普通钩机挖穴＋人工施肥节约成本 3.4%，提高了挖穴和施肥的精度，林分中桉树个体生长差异明显减小。

桉树挖穴施肥一体高效机械化经营技术与传统作业方式的经营成本对比

项目	挖穴施肥一体机	普通钩机挖穴＋人工施肥
机手成本（元 /hm²）	2 250	1 950
人工施肥成本（元 /hm²）	0	398.5
肥料运输成本（元 /hm²）	182	169
作业效率（hm²/ 天）	1.35	1.45
需配合施肥人工数量（个）	1	3～4

应用效果

已在广西、广东和云南等多个省（区）推广应用 100 万亩，尤其是广西斯道拉恩索林业有限公司的 8 万亩林地已全部应用该技术，推动了大量金融资本进入广西国家储备林建设项目，为桉树产业的健康发展和林业产值的提升作出了积极贡献。

推广应用前景

适用于能进行 6～8 t 机型挖掘机挖坑作业、坡度在 35° 以下、石头含量小于 40% 的林地。该技术的应用减少了造林对人工的依赖，对推进林业机械化进程和桉树产业转型升级具有重要意义。

成果来源："桉树高效培育技术研究"项目
联系单位：中国林业科学研究院速生树木研究所
通信地址：广东省湛江市人民大道中 30 号
邮　　编：524022
联 系 人：杜阿朋
电　　话：13828212830

马尾松大径材定向培育技术

成果背景

马尾松（*Pinus massoniana*）是我国重要的乡土用材树种，在森林资源发展和生态建设中占有十分重要地位。目前，马尾松大径材培育技术不足，存在林分密度偏大、抚育间伐不合理等问题，导致现有林分适合培育大径材的不到10%，迫切需要研发马尾松大径材培育技术，支撑我国储备林工程建设。

技术要点与成效

（1）苗木选择：优先选用经过审认定的种子园混系、优良家系或优良无性系，并培育Ⅰ级苗造林。

（2）造林地选择：大径材培育选择低山、高丘、低中山（500～1 000 m）的坡中下部土层深厚肥沃的立地，宜布局在Ⅰ类产区立地指数18以上的林地，如果选用立地指数18的林地，需经过3～4次间伐，且采伐年龄需延长到35年以上。

（3）整地：采用块状整地，规格以中穴（40 cm×40 cm×25 cm）为宜。若土壤质地较差，整地深度可调整到30 cm。

（4）抚育方式：抚育以1 m宽带状或在定植穴周围1 m×1 m的范围内砍伐灌木、割草松土，南带第一和第二年各抚育2次，第三年抚育1次（2-2-1）；中带造林当年抚育1～2次，第二和第三年各抚育2次［1（2）-2-2］；北带造林当年抚育一次，第二和第三年各抚育 2 次，第四年 1 次（1-2-2-1）。

（5）林分密度：大径材造林密度每亩 133 株或 111 株，经 3 次间伐，到 21 ～ 24 年时每公顷保留 750 ～ 825 株（或 600 ～ 675 株），采伐年龄不低于 29 ～ 32 年。

马尾松大、中径材林各指数级合理造林密度　　（单位：株 /hm²）

培育目标	立地指数 16	立地指数 18	立地指数 20	立地指数 22
中径材	1 667 ～ 2 000	1 667 ～ 2 000	1 667 ～ 2 000	1 667 ～ 2 000
大径材		1 667 ～ 2 000	1 600 ～ 1 667	1 600 ～ 1 667

大、中径材最低采伐年龄　　（单位：年）

培育目标	立地指数 16	立地指数 18	立地指数 20	立地指数 22
中径材	24 ～ 25	22 ～ 23	20 ～ 21	19 ～ 20
大径材	35 ～ 36	30 ～ 32	29 ～ 31	28 ～ 30

应用效果

已建立马尾松大径材试验示范林 3 600 余亩，生产力比同等立地林分提高 15% 以上，大、中径材所占比例提高 30% 以上，大径材出材率提高 15% ～ 20%，木材规格和质量等级显著提升；由于降低了造林密度，平均每公顷可节省造林成本 1 500 ～ 2 250 元。已在贵州、广西、四川、福建和湖南等多个省（区）辐射应用 3 万余亩。

推广应用前景

技术可广泛应用于马尾松中带适生区，改善林分结构，提高林分稳定性和质量，应用前景广阔。

马尾松大径材试验示范林

成果来源："马尾松高效培育技术研究"项目

联系单位：贵州大学

通信地址：贵州省贵阳市花溪区贵州大学西校区

邮　　编：550025

联 系 人：丁贵杰

电　　话：0851-83851335

马尾松材脂兼用林高效培育技术

成果背景

发展马尾松材脂兼用林已成为南方山区林农增加收入的重要途径。该成果针对我国马尾松材用与脂用林培育技术研究相互独立、结合度低，培育技术研究与良种选育研究上下游结合不紧密，不能有效指导材脂兼用林培育等问题，提出良种结合养分补给、密度调控等培育关键技术，以实现材用和脂用综合经济效益最大化。

技术要点与成效

（1）"纸浆材—采脂"材脂兼用林高效培育关键技术。在造林 13 年前后将林分密度调整至每公顷 1 050 株。采用 $N_{60}P_{120}K_{60}B_{1.8}Cu_{0.9}Zn_{0.9}$ 配方施肥，促进林木生长与产脂。

（2）"大径材—采脂"材脂兼用林高效培育关键技术。在 19 年生前后将林分密度调整至每公顷 750 株，采用 $N_{60}P_{120}K_{60}B_{2.4}Cu_{1.2}Zn_{1.2}$ 配方施肥，促进林木生长与产脂。

应用效果

已建立高产示范林 70 余 hm^2，中龄林年产脂能力提高至每公顷 1.5 t 以上，年蓄积生长量提高到每公顷 20 m^3，有力推动山区林农致富，缓解木材及松脂加工产业原材料紧张状况，带来较大的经济和社会效益。

南带马尾松材脂兼用林高效培育技术

技术环节	技术要点	指标
造林地选择	马尾松材脂兼用林造林地的选择，应在南带和中带区域的 I、II 两类产区内选择适宜的立地类型，立地指数 14～16 或 16 以上	"纸浆材—采脂"材脂兼用林高效培育关键技术可使单位面积年产脂量达到 1.53～2.88 t/hm²，蓄积年生长量达到 20.81～28.82 m³/hm²
良种壮苗	松脂林的用种，应选择经过种审审定的良家系或高产脂种子园种子。苗木应选择轻基质容器苗，根径 0.26 cm 以上，高 20～25 cm	
密度管理	造林密度 1 667～2 500 株/hm²，株行距为（2×3）m～（2×2）m。郁闭度不低于 0.9 进行首次间伐，间隔期为 3～5 年，每次间伐强度控制在 20%～25%，间伐后郁闭度保留在 0.7 左右，在采脂前 1～2 年停止间伐，最终保留密度为 750～1 050 株/hm²	
整地造林	整地方式采用块状整地，在造林前 1～2 个月进行，整地规格为 40 cm×30 cm×30 cm。整地时分别将表土和心土置于穴的两侧，回坑时表土归坑底，栽植时要求苗正、根舒、黄毛入土	"大径材—采脂"材脂兼用林高效培育关键技术可使单位面积年产脂量达到 2.19～2.83 t/hm²，蓄积年生长量达到 19.53～24.21 m³/hm²
抚育管理	造林后一般抚育 2～3 年，第一年砍草 2～3 次，除草松土 1 次，第二年除草 2 次，第三年除草 1 次。在间伐后采脂前再抚育 1 次	
施肥	结合植穴回填土壤时，每穴施过磷酸钙或钙镁磷肥 0.15 kg，使磷肥与表土在坑内拌匀；造林第二年每株施复合肥 0.25 kg；同伐后第二年每株施复合肥 0.5 kg；采脂前施以磷为主的复合肥 0.5 kg/株；采脂期施以磷为主的复合肥 1.0 kg/株	
采脂年限	采脂开始年限为 8～12 年，胸径大于 16 cm，结束期为 18～22 年。采脂结束后可进行采伐	

推广应用前景

　　该成果适宜马尾松的南带主产区广西、广东，以及中带主产区江西、湖南等地，可显著提高马尾松人工林生长量与产脂量。

材脂兼用林密度调控试验林

成果来源："马尾松高效培育技术研究"项目

联系单位：广西壮族自治区林业科学研究院

通信地址：广西南宁市邕武路23号

邮　　编：311400

联系人：杨章旗

电　　话：13978858085

马尾松采脂林增产复壮技术

成果背景

　　针对马尾松松脂采割技术不规范造成林分质量差、林木生长缓慢、产脂量不高、采脂年限缩短、经济效益低下等问题，通过林分密度调整、施肥管理、科学采脂等关键环节，实现马尾松生长量、木材质量和松脂效益最大化。

技术要点与成效

　　明晰了各种采割参数对产脂量及树体生长的影响作用，提出了更为优化的松脂采割技术；研制出采脂施肥复壮技术，通过采脂前施肥可以有效促进树体生长并降低树木枯死，显著提升树体生长量，有效降低了因采脂造成的林木损失率，可使 10～12 年生马尾松林采割当年蓄积年生长量达每公顷 22.38 m^3，比对照提高 17.46%。采割当年活立木死亡率降至 1.01%。

应用效果

　　已在广西昭平县、百色市、北流市、崇左市等地建立示范林千余亩，蓄积年生长量提高至每公顷 12 m^3，损失率降低至 1.5%，示范规模达 15 万亩。

马尾松采脂林增产复壮技术

技术环节	技术要点	指标
密度调控	郁闭度达到 0.9 时进行透光伐（6～7 年），10～11 年进行第一次间伐，保留 80～100 株/亩，间伐强度控制在株数的 20%～30%，间伐间隔为 5 年，第二次保留 50～70 株/亩，间伐后的郁闭度保留在 0.7 左右	可使 10～12 年生马尾松林采割当年蓄积年生长量达 22.38 m^3/hm^2，比对照提高 17.46%。采割当年活立木死亡率降至 1.01%
施肥管理	间伐后采脂前（10～11 年）追肥一次，肥料配方为 N$_0$P$_{120}$K$_{60}$B$_{1.8}$Cu$_{0.9}$Zn$_{0.9}$、N$_{60}$P$_{120}$K$_{60}$B$_{2.4}$Cu$_{1.2}$Zn$_{1.2}$ 或 N$_{100}$P$_{75}$K$_{60}$ 微量肥 $_{25}$ 石灰 $_{800}$ 的松树专用肥各 1 kg/株。每隔两年施肥 1 次	
采脂技术	松脂采割作业采用侧沟双向 30°，呈夹角 60°，割负荷率控制在 40%～45%，割沟深度 0.5 cm，侧沟采割步距 0.1 cm，采割频率为每日一次或每 2 日一次	
采脂时间	每年 5—11 月	

推广应用前景

　　适用于广西、广东、江西等马尾松主要松脂产区，可有效阻止因松脂采割造成的林木生长量下降、活立木死亡率上升，提高森林质量和木材产出，具有良好的应用前景。

成果来源："马尾松高效培育技术研究"项目

联系单位：广西壮族自治区林业科学研究院

通信地址：广西南宁市邕武路 23 号

邮　　编：311400

联 系 人：杨章旗

电　　话：13978858085

湿地松与湿加松高效促脂技术

成果背景

湿地松与湿加松是我国重要用材林和松脂林树种，现有适宜割脂林分超过 1 000 万亩。现行采脂技术工作频次高、成本高、效益低，影响植株生长和木材质量。研发低频高效的松脂采集技术，有助于提高生产效率和效益。

技术要点与成效

1. 技术要点

（1）促脂剂：湿地松促脂剂为 E 促脂剂（主要成分为乙烯利、15% 硫酸、乳化剂、十六醇等）和 7# 促脂剂（主要成分为三十烷醇、赤霉素、糖、醋酸等），湿加松促脂剂为 K 促脂剂（主要成分为硫酸钾、15% 硫酸、乳化剂、十六醇等）。

（2）促脂剂施用：采用上升式采脂法，从树干基部往上 1 m 高度起割，割面率为 20%，每周采割 1 刀，膏体促脂剂用 2.5 cm 宽的毛刷蘸取涂抹，溶液促脂剂使用喷壶喷施，将促脂剂均匀分布在割面上部。

（3）采脂林分条件：林龄 10 年以上，胸径 14 cm 以上。

（4）培育模式：选择 5—10 月（日平均气温 20℃以上）进行采脂，使用每 7 天一刀 + 施用促脂剂的模式。林分每年 4—5 月浅沟追肥一次，每株施用 $N_{15}P_{15}K_{15}$ 硫酸钾复合肥 250 g。

2. 技术成效

采用促脂剂结合低频采脂模式，湿地松松脂产量可增加 57%，湿加松产量可增加 122%；在采用 20% 的割面率、每周采割一刀并涂用促脂剂一次的低强度采脂条件下，单株采割 5 个月可收获松脂 2 kg 以上。

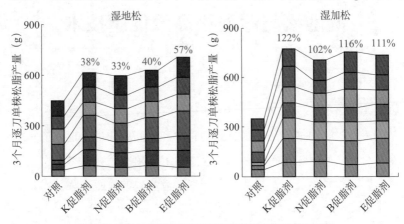

湿地松与湿加松施用促脂剂低频低强度采脂产脂量

注：柱上方百分数为产量增加率。

应用效果

已在广东省台山市应用，湿地松人工林使用促脂剂每公顷年利润可达 2 万元以上，提高 65%；湿加松林分使用促脂剂采脂，利润可提高 241%。

推广应用前景

该技术适用于我国南方低山、沿海地区达到采脂树龄的湿地松和湿加松人工林，应用前景广阔。

成果来源： "油松等速生用材树种高效培育技术研究"项目

联系单位： 广东省林业科学研究院

通信地址： 广东省广州市天河区广汕一路 233 号

邮 编： 510520

联 系 人： 郭文冰

电 话： 13926060314

电子邮箱： wbguo@sinogaf.cn

湿地松脂材兼用林高效培育技术

成果背景

　　基于湿地松脂材兼用林高效培育对脂材兼优型良种、林分密度管理、土壤养分管理、木材与松脂兼用经营等重要技术需求问题，研发了该技术。

技术要点与成效

　　（1）立地选择：北纬 20°～30° 的低山丘陵和沿海地区，土壤疏松、排水良好、pH 值在 4.5～6.5，成土母岩以板页岩和四纪网纹层发育的土壤为优，紫色页岩、砂砾岩、花岗岩发育的土壤次之。立地指数不低于 16。

　　（2）种苗选择：选用湿地松 E01、E02 等脂材兼优家系的实生苗或嫁接大容器苗造林。

　　（3）定植密度：每公顷 1 111～1 333 株。

　　（4）养分管理：基肥每公顷施用 100 kg 磷肥，快速生长期每年每公顷施用 50 kg 氮肥 +50 kg 磷肥 +50 kg 钾肥。幼林期可采用除草剂与地膜覆盖降低抚育成本。采脂期每年 4—5 月浅沟追肥一次，每株施用 $N_{15}P_{15}K_{15}$ 硫酸钾复合肥 250 g。

　　（5）高效促脂：采用上升式采脂法，从树干基部往上 1 m 高度起割，割面率为 20%，每 7 天采割 1 刀，利用安全环保高效促脂剂（E 促脂剂或 7# 促脂剂）涂抹于割口上方。

（6）经营年龄：15 年生起始采脂，采割 5 年，20 年林分主伐。

应用效果

已在江西省泰和县、景德镇以及广东省台山市等地应用，单位面积蓄积量提高 23% 以上，松脂产量提高 20% ～ 50%。以台山市红岭湿地松脂材兼用林为例，2015 年起采脂，2019 年主伐，松脂和木材的总产值为每公顷 20.4 万元，净现值和内部收益率分别为每公顷 5 040 元和 15.48%。

推广应用前景

可应用于指导林场和林农科学经营湿地松脂材林，对于以生产脂、材为目的的湿加松、加勒比松等人工林的经营也有借鉴作用。

成果来源："油松等速生用材树种高效培育技术研究"项目
联系单位：广东省林业科学研究院
通信地址：广东省广州市天河区广汕一路 233 号
邮　　编：510520
联 系 人：郭文冰
电　　话：13926060314
电子邮件：wbguo@sinogaf.cn

冀北油松建筑材林高效培育技术

成果背景

　　冀北地区是华北油松重点人工林区，针对油松人工林经营目标不明确、林分质量偏低等问题，迫切需要研发适宜油松建筑材培育的林分立地选配和结构调控等技术。

技术要点与成效

1. 技术要点

　　提出了油松建筑材料培育适宜立地选择、造林密度、整地方式、林分密度动态调控、间伐作业和最适主伐龄等关键技术。

　　（1）立地选择：优选立地指数 7 以上，土壤深厚、肥沃、疏松，水分条件良好的立地。

　　（2）造林密度：拼接材每公顷 2 500 ～ 3 000 株，中径材每公顷 2 000 ～ 2 500 株，大径材每公顷 1 100 ～ 1 600 株。

　　（3）间伐技术：拼接材中弱度间伐 3 次，主伐树高级 9 ～ 11 m，保留株数每公顷 1 650 株；中径材中度间伐 2 次，主伐树高级 9 ～ 11 m，保留株数每公顷 1 500 株；大径材中度间伐 3 次，主伐树高级 11 ～ 13 m，保留株数每公顷 1 000 株。

　　（4）中径级和大径级建筑材的林分工艺成熟龄分别为 47 年和 50 年。

2. 技术成效

　　技术实施可使单位面积大中径级立木蓄积量超过对照 51% 以上，

为油松建筑材林高效培育提供技术支撑。

应用效果

已在河北承德地区建成技术试验示范林 2 000 多亩，可辐射转化 5 万余 hm^2，在冀北油松林区的推广潜力约 20 万 hm^2。

推广应用前景

适用于河北、山西、内蒙古等华北林区油松主要分布区，对华北林区油松人工林产量和质量提高以及产业的发展有重要意义。

成果来源："油松等速生用材树种高效培育技术研究"项目

联系单位：北京林业大学

通信地址：北京市海淀区清华东路 35 号

邮　　编：100083

联 系 人：李悦

电　　话：13141306728

电子邮箱：liyue@bjfu.edu.cn

沙地樟子松抚育间伐技术

成果背景

樟子松为我国三北地区的主要造林树种之一，特别是在防沙治沙方面有着重要作用。但目前存在着造林密度过大、抚育管理不当或滞后、培育技术碎片化等生产亟须解决的问题。

技术要点与成效

1. 技术要点

（1）采用冬季修枝，强度以冠高比为 2/3 最佳，修枝初始期为 12～14 年，间隔期在 5～7 年，修枝后 2～3 年，中弱度修枝比强度修枝直径增长率大 1.08～3.32%，直径增长率达到 8% 以上。轮伐期内至少进行 3 次修枝。

（2）采用留优去劣方式，首次抚育间伐的时间以 14～16 年生为宜，间隔期 8～10 年。幼龄期樟子松适宜保留密度为每公顷 1 300～1 400 株，中龄期樟子松适宜保留密度为每公顷 900～1 000 株，近熟期樟子松适宜保留密度为每公顷 500～600 株。

2. 技术成效

应用该技术，修枝 3 年后胸径生长最大可增加 3.32%，幼龄期木材的总产值可较对照每公顷增加 1 900 元，中龄期可较对照每公顷增加 6 800 元，近熟期可较对照每公顷增加 10 000 元。

应用效果

　　已在辽宁省昌图县、康平县、建平县及彰武县推广应用1万亩以上，辐射带动5万亩以上。改造后的林分生产力提高15%，每亩年增益100～140元，防护效应显著。

调整密度每公顷 900 株　　　　　　　　调整密度每公顷 600 株

沙地樟子松抚育间伐

推广应用前景

　　适用于辽宁西北部的樟子松人工林，以及三北地区的沙质荒漠化土地推广应用。

成果来源： "重点区域速丰林丰产增效技术集成与示范"项目	
联系单位： 辽宁省沙地治理与利用研究所	
通信地址： 辽宁省阜新市细河区中华路东段55号	
邮　　编： 123000	
联系人： 尤国春	
电　　话： 13941806687	

刺槐建筑材中幼林空间结构优化与干形调控技术

成果背景

我国刺槐用材林管理粗放，缺乏林分密度管理和树体管理的科学技术规范，制约了刺槐用材林的生产力和材种质量。

技术要点与成效

（1）豫西南低山丘陵实生苗人工林：初植密度为 3 m×2 m；造林后第四年进行疏伐，保留密度 3 m×4 m；修枝强度为基部至树高的 1/2 进行修枝。

（2）豫东沙地平原优良无性系人工林：初植密度为 3 m×4 m；造林后第四年进行修枝，强度为基部至树高的 1/3。

（3）安徽淮北'皖槐 1 号'人工林：初植密度为 3 m×2 m；造林后第四年进行疏伐，保留密度 3 m×4 m；修枝强度为基部至株高的 1/2。

应用效果

已在河南省洛宁县、民权县以及安徽北部地区推广应用 8 000 余亩，每公顷蓄积增长量比对照提高 15.3% ～ 20.8%，枝叶等生物质能源每公顷可收获 3.43 t 以上。

推广应用前景

该技术操作容易，实施效果显著，经济和社会效益明显，可在华北、华东等刺槐适生区推广。

'皖槐1号'人工林

成果来源："油松等速生用材树种高效培育技术研究"项目

联系单位：北京林业大学

通信地址：北京海淀区清华东路35号北京林业大学生物科学与技术学院162信箱

联 系 人：李云、彭祚登

电　　话：13671392196、13683518011

邮　　编：100083

南方低山丘陵区泡桐大径级高干良材高效培育技术

成果背景

泡桐工业用材林建设中普遍存在品系混杂、密度过高、造林成本较高、造林方式不合理、主干低矮和不通直等问题，缺乏系统的高效培育技术研究，不能满足当前培育区域拓展和工业用材林高效生产的需要。

技术要点与成效

（1）立地选择：阴坡和半阴半阳坡，坡长不大于 100 m 的上坡、中坡、下坡和全坡，土层厚度不小于 80 cm，坡度不大于 25° 的斜坡和缓坡，土壤容重小于 1.8 g/cm³、通透性较好的壤土和砂壤土。

（2）造林方式：采取容器苗和根桩造林，容器苗造林 4 年生单位面积蓄积量较对照提高 17.6%；根桩造林 6 年生较对照提高 12.7%。

（3）结构调控：密度为每公顷 333 株，窄株距宽行距（4 m×7.5 m）和宽窄行（5 m×4 m×8 m）优于传统的等株行距（5 m×6 m）结构，较等株行距提高 15.0% ～ 25.4%。

（4）底肥施用：每株施用 0.35 ～ 0.50 kg 复合肥或 3 ～ 5 kg 有机复混肥，6 年生蓄积量较未施用底肥提高 75.6% ～ 104.4%。

（5）修枝接干：修除苗干顶部分杈枝及部分下层枝（保留 2 ～ 3

轮下层枝）的处理，泡桐主干高可达 5.5 ～ 7.02 m，较不修枝林分提高 24.43% ～ 58.82%。

'中桐 1 号'高干良材试验林

应用效果

已在湖北、江西和湖南推广 5 000 亩，4 年生林分单位面积蓄积量较对照提高 16.87% 以上，预计 10 ～ 12 年采伐时投入产出比可达到 1 :（25 ～ 35）。

推广应用前景

适宜在长江流域及其以南区域的低山丘陵区推广应用，对推进该区域泡桐产业的高起点、高质量稳定发展具有十分重要的意义。

成果来源： "油松等速生用材树种高效培育技术研究"项目
联系单位： 中国林业科学研究院经济林研究所
通信地址： 河南省郑州市金水区纬五路 3 号
邮　　编： 450003
联 系 人： 常德龙
电　　话： 13838027763
电子邮箱： chdelong@126.com

华山松果材兼用林培育技术

成果背景

　　四川华山松面积达 40 万 hm^2，是高海拔山区生态、经济效益俱佳的建筑材、薪炭材优良树种，球果（松籽）及林下食用菌（块菌等）对山区经济发展及农民致富增收促进作用日益显著。目前，现有华山松人工林存在密度过大、生长差、果实产量低等问题，急需科学的经营管理技术。

技术要点与成效

1. 技术要点

　　（1）密度控制增产：对高郁闭度林分进行疏伐，去弱留强，去残留优，保留密度至每公顷 1 126 株。

　　（2）修枝增产提质：基于华山松自然整枝随树高生长逐年上升，8～10 年开始对华山松枝条进行适当修剪，逐步修剪掉树冠下部的枝条。采用电锯或油锯修剪掉树干下部 1/3 枝条，保留上部 2/3 枝条，要求修剪口平齐，残桩长度不超过 1 cm。

　　（3）施肥增产：在华山松林内采用线型施肥沟对华山松中幼龄树进行施肥管理，每次每株平均施肥 800 g，每年施肥 2 次。

　　（4）作业时间：密度控制、修枝措施在春季萌芽前进行；在春季萌芽前第一次施肥，秋季采果前一周第二次施肥。

2. 技术成效

　　采用该技术，第三年的华山松林分平均球果量较对照提高 55 倍以上，松子经济效益较对照提高 21 倍以上，材积生长量较对照提高 13.98% ～ 20.90%。

华山松疏伐、修枝、施肥后结实情况

应用效果

已在四川省会东县、越西县、茂县等地推广应用 1.5 万亩。其中，疏伐和修枝处理的实施可以做到一次作业多年受益，综合效益提高 20 倍以上。

推广应用前景

该技术对促进木材生长及增加结实数量效果良好，经济、生态和社会效益突出，可在四川、重庆、贵州、云南等省（市）华山松果材兼用中幼林经营培育中推广应用。

成果来源："油松等速生用材树种高效培育技术研究"项目
联系单位：四川省林业科学研究院
通信地址：四川省成都市金牛区星辉西路 18 号
邮 编：610081
联 系 人：吴宗兴、宋小军
电 话：13551146385、13890319417
微 信：wxid-kyeqixs27vtx22、13890319417

樟树大径材定向培育技术

成果背景

樟树为我国中亚热带地区重要的用材树种，木材具有香味、木质细密、纹理细腻、质地坚韧，居江南四大名木樟、楠、梓、椆之首。但由于樟树人工林长期缺乏科学经营，导致林分质量差、出材率低，严重制约了樟树人工用材林的发展。

技术要点与成效

提出轻基质无纺布容器育苗技术，改进立地选择、精准施肥、密度调控、混交模式、树体管理等系列培育措施，构建了樟树人工林大径材培育技术，可使樟树人工林平均胸径提高 24% 以上，通直度提高 29% 以上，主干高度提高 45% 以上，综合效益提高 30% 以上。

樟树大径材定向培育技术

项目	技术模式
区域	中亚热带地区海拔低于 500 m 的丘陵岗地
造林地条件	地势平坦，坡度小于 20°，酸性土壤，有效土层厚度 1 m 以上，立地指数 14 以上
育苗	采用无纺布容器育苗技术，无纺布容器规格 9 cm×15 cm，基质配比泥炭土∶谷壳∶黄心土=6∶3∶1。一年生苗高 60 cm 以上、地径 0.4 cm 以上无病虫害苗木可用于造林

续表

项目	技术模式
整地和造林	整地挖穴：坡度小于 10° 全垦，大于 10° 带垦。挖穴规格为 50 cm × 50 cm × 40 cm。每穴施用有机肥 2 ～ 3 kg 和复合肥 0.2 ～ 0.3 kg 做基肥 造林密度：2 m × 3 m 混交：可与杉木按照 6∶4 比例块状混交。
抚育管理	造林前 3 年进行抹芽修枝，抹除树体 1/2 以下嫩芽和侧枝 造林后第二年起，每年 5 月至 6 月中旬结合除草、培蔸进行追肥，每株施复合肥 0.2 kg。科学合理防控病虫害
间伐和主伐	造林后 6 ～ 7 年第一次间伐，强度为 40%，12 ～ 14 年第二次间伐，强度为 50%，最终保留株数为 500 株 /hm² 左右 轮伐期 30 年，主伐时胸径 40 cm 左右

应用效果

　　已在湖南、江西、广东、福建等多个省份推广应用 100 万亩，为中亚热带地区针叶林阔叶化改造提供了新的可选择树种，提高了林农和林场的造林积极性，增加了樟树适生区人民增收就业渠道。

樟树大径材定向培育

推广应用前景

　　该成果适合在我国中亚热带地区樟树适生区海拔低于 500 m 的丘陵岗地，选择土层深厚的酸性土壤进行推广。

成果来源："南方主要珍贵用材树种高效培育技术研究"项目

联系单位：江西省林业科学院

通信地址：江西省南昌市昌北经开区枫林西大街 1629 号

联 系 人：章挺

电　　话：15679198534

邮　　编：330032

降香黄檀优质干材调控技术

成果背景

降香黄檀具有巨大的经济和文化价值，被誉为"国之瑰宝"，但目前降香黄檀人工林培育过程中普遍存在干形发育不良、营养不均衡、心材形成晚等问题，缺乏优质干材的科学调控技术，严重制约了降香黄檀的产业化发展。

技术要点与成效

（1）突破了优良母树的组培快繁技术。将优良母树的枝条嫁接到降香黄檀砧木上，成活后采集接穗的萌芽条做外植体，用0.1%的升汞消毒6～8 min，无菌水漂洗4次，时长分别为5 min、5 min、5 min和10 min；在改良的MS培养基中加入0.03 mg/L TDZ和1 mg/L 6–BA进行外植体丛芽诱导及继代增殖；采用1/2 MS+2 mg/L NAA诱导生根，月增殖系数达2.0；采用黄心土：泥炭土=2：1（体积比）的基质配方移植组培苗。

（2）提出了"三段式"高效培育技术模式。第一段采用密植的方式在四川乐山等干湿季明显的区域进行集约培育，培育出主干明显，干形通直，胸径6～10 cm的幼树；第二段在广东、广西交通便利且无霜冻的地区进行集约化培育，采用较高水平的水肥供给、营养生长与生殖生长调控、高频度修枝等抚育管理，培育出胸径20 cm以上的中龄树；第三段在海南西部降水量较少的地区进行终期培育，早期通过滴灌和养分供给促进胸径生长到 30 cm，然后停水停肥加速高质量心材的形成。与传统的培育技术模式相比，胸径生长量提升 22.4%，林分质量提升 27%，综合效益提高 32.2%。

（3）制定营养诊断技术标准。根据不同生长阶段制定了不同的配方施肥方案。提出根外追施氮肥（每株 185.6 g）或叶面喷施 100 ~ 200 mg/L 赤霉素（GA_3）促进 8 ~ 10 年生降香黄檀营养生长的调控技术方案，处理后营养枝率分别提高 40.25% 和 140.84%，有利于大径材培育；研制根外追施磷肥（120 g P_2O_5）或磷钾肥（120 g P_2O_5+120 g K_2O）以及叶面喷施 2 000 mg/L 多效唑（PP_{333}）促进生殖生长的栽培技术方案，应用后营养枝率分别降低 47.95%、46.83% 和 63.08%，有利于良种壮苗生产。

（4）发现乙烯和 H_2O_2 是介导降香黄檀心材形成的重要信号物质，具有调控幼龄降香黄檀形成高质量心材的潜力，外源添加后实现 5 年生有心材的单株比例超过 80%。

应用效果

已在四川、广东、广西、海南、福建、云南等多个降香黄檀适生省（区）推广应用 10 万亩以上，新增产值预计超过 10 亿元。该技术成果的大规模应用，大大提高了种植者的积极性，吸纳了大量的劳动力就业，为乡村振兴、农民增收以及人工林提质增效作出了积极贡献。

推广应用前景

适用于广东、广西、海南、四川、福建等所有降香黄檀适生种植区域，对于提升我国珍贵大径材培育水平、缓解珍贵用材资源短缺的现状、促进珍贵用材培育的产业化发展具有积极意义。

第一段：四川乐山降香
黄檀试验林

第二段：广西凭祥降香
黄檀试验林

第三段：海南儋州降香
黄檀试验林

"三段式"高效培育技术模式

成果来源：	南方主要珍贵用材树种高效培育技术研究
联系单位：	中国林业科学研究院热带林业研究所
通信地址：	广东省广州市天河区广汕一路 682 号
邮　　编：	510520
联 系 人：	徐大平、刘小金
电　　话：	020-87033626

柚木中大径材培育技术

成果背景

针对柚木培育技术中良种、密度控制、施肥、修枝间伐等关键技术缺乏的问题，系统开展了良种选择、最适气候区与立地选择、造林密度与配置方式、不同阶段的配方施肥、抹芽修枝与间伐、林间和林下间种与套种模式等技术研究，集成了柚木中大径材培育技术。

技术要点与成效

（1）提出在适宜气候区，选择适宜的土壤类型培育中大径级柚木。石灰岩、页岩、花岗岩等坡积物发育的钙质土或石灰性土、轻砾质砖红壤、冲积砂壤土和潮砖红壤等是适宜柚木种植的土壤类型；pH 值大于 5.5 的微酸至中性土壤，土层厚度大于 80 cm；盐基饱和度大于 50%，富含钙、磷、钾、镁和有机质等是柚木生长最佳养分需求。

（2）在适生区以国家审定良种'热林 7029'无性系为主，辅之当地种源/家系试验选出优良种源/家系。

（3）提出最佳初始密度采用每公顷 1 000 株，7 年生每公顷蓄积量比每公顷 1 250 株初始密度提高 28.05%；采用带状非均匀配置方式［两行一带 2 m×2 m×（6～8）m］造林，7 年生每公顷蓄积量比同一密度均匀配置的提高 35.97%。

（4）选出 2 个新造林无性系最佳施肥配方和施肥量。一是施用氮、磷、钾肥每公顷各 100 kg + 石灰每株 1 kg，无性系单株材积生长可比对照提高 84.0%；二是每株施用钙镁磷肥 1 kg + 有机肥 1 kg + 石灰 1 kg + 硼 8 g + 锌 8 g，比常规施用有机肥无性系单株材积生长提高 70.0% 以上。

（5）提出培育无节良材的抹芽和修枝方案。造林后 1 ～ 6 年每年树木生长萌动前及时抹芽修枝一次，修枝高度为树高的 1/2。7 年和 14 年各间伐一次，最终保留每公顷 225 ～ 300 株。大径材培育轮伐期 25 ～ 30 年。

（6）提出 3 个林间套种的林农果药复合经营模式：柚木 + 玉米 + 澳洲坚果复合经营模式、柚木 + 菠萝 + 肉桂 + 春砂仁复合经营模式和柚木 + 香蕉 + 咖啡 + 春砂仁复合经营模式，年均综合效益提高 32.5%。

贵州省罗甸县 9 年生柚木无性系林相
（平均胸径 16.8 cm）

贵州省罗甸县 9 年生柚木无性系带状
（2 m×2 m×7 m）方式造林

应用效果

已在广东、云南、贵州等地推广应用，培育良种壮苗 94.2 万株，辐射造林 1.5 万亩，良种良法和林下复合经营对云南、贵州、广东、广西等省（区）

的柚木人工林发展起到积极的示范推动作用。

推广应用前景

  培育柚木中大径材最适生气候区为云南西双版纳、普洱，以及红河的河口瑶族自治县、金平苗族瑶族傣族自治县和屏边苗族自治县等海拔 700 m 以下山地和一些云贵南部干热河谷山地（无霜，极端最低温高于 5 ℃），海南海拔 800 m 以下避风的山坳盆地或坡麓谷地。

成果来源："南方主要珍贵用材树种高效培育技术研究"项目
联系单位：中国林业科学研究院热带林业研究所
通信地址：广东省广州市天河区广汕一路 682 号
邮 编：510520
联 系 人：黄桂华、梁坤南
电 话：020-87032929

西南桦大径材定向培育技术

成果背景

西南桦为我国热带和南亚热带乡土珍贵树种，具有适应性广、生长速度快、木材性质优良等特点，是南方地区造林面积最大的珍贵树种。随着西南桦大规模发展，生产上出现立地选择不当、林分结构单一、造林密度不合理以及经营水平低等诸多问题，严重制约了西南桦人工林的生态和经济效益发挥和可持续发展。因此，亟须从立地选择、施肥、混交、密度控制、修枝、林下植被管理、目标树经营及病虫害防控等方面，系统建立和完善西南桦大径材的高效培育模式和技术。

技术要点与成效

通过主要栽培区立地质量评价确定了西南桦大径材培育适宜立地条件；研制出西南桦幼林和中龄林施肥配方；筛选出西南桦适宜混交树种，构建了同龄混交和低效林混交化改造的全周期培育模式及密度调控技术体系；优化了人工修枝技术，集成了密度控制和人工修枝相结合的大径级无节材培育技术模式；结合混交和植被管理突破了西南桦人工林蛀干害虫生态防控技术；系统构建了西南桦用材林高效培育技术体系，使西南桦人工林林分生长量提升30%以上，蛀干害虫危害降低70%以上，木材质量提升40%以上，大径材比例、木材质量显著提高，林分综合经济效益提升35%以上，实现了西南桦人工林质量的精准提升和大径材的高效培育。

西南桦用材林高效培育技术模式

项目	技术模式
区域	南亚热带
范围	云南、广西、广东、福建
造林地条件	阴坡、半阴坡—中下坡位—缓坡，立地指数 20 以上
良种选择	国家和地区审（认）定品种，包括西南桦广西凭祥种源、西南桦云南腾冲种源、西南桦'青山 1 号'、西南桦'青山 2 号'、西南桦'青山 5 号'、西南桦'青山 6 号'
整地和造林技术	植苗造林：带状或穴状整地，穴规格 0.5 m×0.5 m×0.5 m，穴施 5～10 kg 有机肥或 500 g 磷肥，采用高度不低于 0.25 m、地径不小于 0.25 cm 的苗木造林 造林密度：2 m×2 m、2 m×3 m 造林模式：与杉木、红锥、火力楠等树种混交，采取带状、丛状混交模式
抚育管理	造林后前 3 年每年除杂 2～3 次，仅铲除恶性杂灌及藤本，每年追肥 1 次，施用复合肥，用量分别为第一年 100 g、第二年 200 g、第三年 300 g；5～7 年第一次间伐并初选目标树，间伐强度为 30%，目标树 180～240 株 /hm²；对目标树修枝，每 2～3 年一次，每次强度不宜超过 30%；10～12 年第二次间伐并确定目标树，强度为 30%～40%，目标树 90～120 株 /hm²，间伐后对保留木追肥 1 000 g/ 株复合肥
轮伐期和产量指标	轮伐期 20～25 年，主伐时平均胸径达 30 cm 以上，目标树 40 cm 以上，无节良材高度达 10 m，立木蓄积量达 25～31 m³/（hm²·年），超过常规栽培 30% 以上

应用效果

　　已在云南、广西、广东、福建、贵州等多个省（区）推广应用，近些年累积推广面积近 100 万亩，新增产值数亿元。该技术成果的应用，带动了当地西南桦相关产业的发展和升级，扩大了当地农民的就业渠道，提升了林农收益，有力地支撑了精准扶贫和乡村振兴，具有显著的经济、生态和社会效益。

推广应用前景

　　适合在云南、广西、广东、福建、贵州等地推广应用，对解决拟木蠹蛾危害严重、木材质量和效益不高等问题具有重要意义，促进西南桦人工林健康发展和相关产业升级。

西南桦用材林高效培育技术

成果来源："南方主要珍贵用材树种高效培育技术研究"项目	
联系单位：中国林业科学研究院热带林业研究所	
通信地址：广东省广州市天河区广汕一路 682 号	
邮　　编：510520	
联系人：曾杰	
电　　话：13902335439	

红锥中幼林高效培育技术

成果背景

红锥是我国华南地区重要的珍贵树种，也是营建国家储备林的重要树种之一。红锥生长速度快，可以在短时间内实现珍贵树种用材蓄积的快速提升。但由于红锥的密度控制、营养控制和树体控制等技术研究缺乏，造成生长量、木材质量均无法达到最优。因此，急需开发红锥中幼林的高效栽培技术，实现红锥中幼林木材产量和质量的共同提升。

技术要点与成效

（1）栽培区与立地选择：南坡向、西南坡向的林地生长状况明显好于北坡向林地；上、中、下坡位的胸径和材积等依次递增；在坡度低于 20° 的林地，红锥生长量优于中坡度（20°～30°）和大坡度（30° 以上）林地。

（2）密度控制：初植密度宜采用 2 m×2 m 或 2 m×2.5 m，相比于 3 m×3 m 的初植密度，相同施肥条件下，造林 4 年后株高可以提升 16.8% 以上，主干基部 1/3 侧枝生物量可以减少 36.5% 以上，采用适当密植可以促进早期株高生长并改善干形，降低基部侧枝的生物量，并促进主干生物量向上方分配。造林 6 年后间伐，每亩保留 45～50 株，可以显著提升单株材积。

（3）幼林施肥：设置配方肥（N∶P∶K=14∶8∶8，体积比），造林前 3 年每年施用 250 g，与施用等量复合肥相比，造林两年后胸径、树高和材积增长量分别为 2.99 cm、2.15 m 和 7.86×10^{-3} m^3，较对照依次增加 4.2%、10.5% 和 34.9%。

（4）树体控制技术：对 4 年生红锥开展修枝，以修除 1/3 活枝冠层枝条强度为最佳处理，修枝后 47 个月胸径提升 16.7%，单株蓄积量提升 21.6%。在切口处涂抹保护剂，可以使愈合率达到 91% 以上，木材腐烂深度降低 61.8% 以上，修枝后切口下方生长量提升 38% ～ 301%，改善了圆满度。

应用效果

已在广东、广西、湖南等多个省（区）推广应用，可显著提升红锥中幼林的产量和质量，有力地支撑乡村振兴和精准扶贫。

推广应用前景

适用于我国华南地区红锥主要栽培区域，可重点应用于国家储备林、生态公益林和水源涵养林中的红锥林分。

成果来源: "南方主要珍贵用材树种高效培育技术研究"项目
联系单位: 广东省林业科学研究院、广西壮族自治区林业科学研究院
通信地址: 广东省广州市天河区广汕一路 233 号
邮　　编: 510520
联 系 人: 潘文
电　　话: 020-87033558

果材兼用红松密度调控技术

成果背景

　　红松是东北亚地区最重要的优质大径材生产树种，同时作为世界四大食用松之一承担着生产优质坚果的功能。目前原始红松林资源所剩无几，主要通过人工纯林和次生林（含过伐林和派生林）内自然或人工引进红松形成的红松阔叶树混交林途径来实现资源培育。本项技术针对红松人工纯林开发，可以提高红松优质大径材培育进程，并收获更多的种子以满足市场需求。

技术要点与成效

　　提出了红松大径材培育不同生长发育阶段的数量调控指标与技术。基于密度调控试验和自由树生长发育的胸径、树高、单株材积、林分蓄积、大径材蓄积、枝下高、高径比、冠长率、冠幅、冠径比、树冠体积、树冠表面积、空间指数、空间竞争指数等生长指标、干形指标和树冠指标的综合分析和模拟结果，建立了 15 ～ 120 年生的红松胸径、冠幅、冠径比、经营密度控制指标体系及间伐模式（时间、间隔期和次数）。

　　与"十二五"相比，一是在只有一个龄级段（40 年生）基础上扩展到 20 年生、40 年生、60 年生、70 年生或 80 年生龄级段的实测指标，以及模拟推定的拟定轮伐期（120 年）内以 5 年为一个龄级段的各龄级段控制指标；二是由一个密度控制指标，扩展到密度、冠幅、冠径比和林分平均直径 4 个指标，更加精准化。

应用效果

已在黑龙江、辽宁等地推广应用 2 000 余亩，提高大径材蓄积 18% ～ 46%、果实产量 29% ～ 47%，辐射推广 9 万亩。

推广应用前景

适用于黑龙江、吉林和辽宁红松主要产区，技术可以为现有红松人工林的优化提供判定指标，以促进红松健康生长，充分发挥红松的生态价值、经济价值和社会价值，应用前景广阔。

成果来源："北方主要珍贵用材树种高效培育技术研究"项目

联系单位：东北林业大学林学院

通信地址：黑龙江省哈尔滨市香坊区和兴路 26 号

邮　　编：150040

联 系 人：沈海龙

电　　话：13069875355

电子邮箱：shenhl-cf@nefu.edu.cn

林冠下造林红松生长促进量化调控技术

成果背景

东北温带林区的次生天然阔叶林下已营造了大面积的人工红松，形成了林冠下红松人工—天然混交林，但由于缺乏个体水平上的精准化经营，导致林分抚育管理不及时，不能发挥良好的经济和生态效能。

技术要点与成效

（1）上层阔叶树平均树高小于 12 m 时使用开敞度作为红松个体微生境的数量调控指标，上层阔叶树平均树高大于 12 m 时宜选用邻接木拥挤度（K'）作为红松个体微生境的数量调控指标。

（2）当红松幼树林龄小于 10 年生时，开敞度适宜设置为 1.0 ～ 1.5，或邻接木拥挤度设为 0.7。当红松林龄为 10 ～ 20 年生时开敞度适宜设置为 1.5，或邻接木拥挤度设为 0.8。当红松林龄为 20 ～ 30 年生时开敞度适宜设置为 2.0，或邻接木拥挤度设为 0.8 ～ 1.0。

（3）红松幼树 10 年生时进行第一次红松个体微生境结构调整，之后每 5 年或 10 年进行一次个体微生境调整；红松 10 年生时每公顷保留 1 200 株，20 年生时每公顷保留 800 株，30 年生时每公顷保留 500 株，之后保持在每公顷 400 株左右进入阔叶树主冠层。

（4）尽量保证林下每株红松幼树顶部透光，伐除明显起到遮阴作用的林木的叶、枝、干，甚至整株阔叶树；优先保证红松幼树正东、西北、正南、东南以及中部的采光需求；优先保证红松幼树与正东、西北、正南、东南方向上阔叶树的水平距离大于 6 m，其余方向上的水平距离大于 2 m。

（5）选取树冠短疏、活枝枝下高大的珍贵大乔木树种如水曲柳、胡桃楸、黄波罗、紫椴、蒙古栎等作为红松的伴生树种，避免选择树冠长密、活枝枝下高低的椴树等类树种作为红松的伴生树种。定期清除影响红松生长的灌木。

应用效果

已在黑龙江尚志市等地推广应用 1 500 亩。数量调控 7 年间，树高生长量从第一年的增加 14% 到第七年的增加 73%，直径生长量从第一年的增加 20% 到第七年的增加 100%，可使红松进入或突破主林冠层的时间节省 1/2 ～ 2/3。

微生境无上方遮盖   微生境有上方遮盖

29 年生林冠下红松

推广应用前景

适用于东北温带湿润地区（长白山和小兴安岭林区）次生林恢复与重建红松阔叶林生态系统，可提升森林质量和森林生态服务功能，应用前景广阔。

成果来源："北方主要珍贵用材树种高效培育技术研究"项目

联系单位：东北林业大学林学院

通信地址：黑龙江省哈尔滨市香坊区和兴路26号

邮　　编：150040

联系人：沈海龙

电　　话：13069875355

电子邮箱：shenhl-cf@nefu.edu.cn

水曲柳大径材培育密度调控和修枝技术

成果背景

水曲柳是我国北方传统优质珍贵用材树种，长期以来其大径级用材主要依赖天然林。因对天然林的过度采伐利用，目前水曲柳大径级用材资源已经极度匮乏。随着人们生活水平的提高，对水曲柳优质大径材的需求一直呈上升趋势，目前国际市场中已经出现水曲柳大径级木材短缺的状况，因此，加快水曲柳大径材人工培育已是当务之急。

技术要点与成效

（1）密度调控：水曲柳大径材林分造林密度以每公顷 3 300 ～ 4 400 株为佳。应在幼龄林末期通过间伐调整林分密度。水曲柳大径材林分的合理经营密度系数为 0.82，据此确定提出水曲柳大径材的合理经营密度表。

（2）修枝技术：水曲柳幼龄林开始第一次修枝时的侧枝直径不应超过 2 cm，修枝强度以控制在树高的 40% ～ 50% 为宜。

应用该技术对 49 年生水曲柳人工林进行间伐调控，2 年后水曲柳人工林大径材蓄积量比对照林分提高 12.8%。

不同造林密度水曲柳幼龄林末期（20年生）生长对比

造林密度 （株/hm²）	平均胸径 （cm）	现存密度 （株/hm²）	大径材株数 （株/hm²）	林分蓄积 （m³/hm²）	大径材蓄积 （m³/hm²）
2 200	12.36a	1 468	810	121.0a	101.2a
2 500	11.47a	2 215	1 162	165.7b	122.0ac
4 400	11.43a	3 128	1 478	224.3c	163.6b
10 000	10.31b	3 572	1 334	219.6c	138.4c

注：表中小写字母表示差异显著（$p < 0.05$）。

水曲柳大径材林分密度调控成效监测结果

处理	样地数 （个）	株数（株/hm²）		蓄积量（m³/hm²）		大经材蓄积 量占比（%）
		林分总体	大径材	林分总体	大径材	
密度调控 示范林	68	663a	478a	181.8a	159.4a	112.8
对照	39	1 086b	533a	197.6a	141.3b	100

注：表中小写字母表示差异显著（$p < 0.05$）。

应用效果

已在黑龙江省佳木斯市、尚志市等地推广应用 500 余亩，主伐时每公顷可增产水曲柳大径材 40 m³，每公顷林地可增加收入 12 万元，经济效益显著。

黑龙江省桦南县孟家岗林场　　　　黑龙江省尚志市小九林场

水曲柳密度调控和修枝后的林分

推广应用前景

适用于东北林区推广。

成果来源： "北方主要珍贵用材树种高效培育技术研究"项目
联系单位： 东北林业大学林学院
通信地址： 黑龙江省哈尔滨市和兴路26号东北林业大学主楼林学院主619室
邮　　编： 150040
联 系 人： 孙海龙
电　　话： 13796629452
电子邮箱： shlong12@126.com

杉木速生材土壤肥力维持技术

成果背景

由于杉木本身的生物学特性和片面追求速生丰产,纯林密植、短轮伐期等不合理的经营措施,加剧了杉木人工林土壤肥力退化和生产力降低,严重制约了杉木林的经济和生态效益,亟须根据我国南方杉木栽培区的气候、土壤和社会经济条件,提出杉木林土壤肥力维持和提升技术,为杉木林的可持续经营提供支撑。

技术要点与成效

(1)杉阔混交林营造技术:阔叶树种可选择根系完好、长势旺盛的闽楠、火力楠、桤木和木荷等幼苗。造林前要保留林地采伐剩余物,避免炼山(火烧),对林地进行穴垦栽植,初植密度以每公顷 2 000 ~ 3 000 株、杉木与阔叶树混交比例为 8:2 为宜。造林后前 3 年,对混交林进行适当抚育。

(2)杉木速生材培育施肥技术:土壤肥力中等以下的立地,每株可施入 150 ~ 300 g 的钙镁磷肥作基肥,在造林当年或次年,每株追施 50 g 尿素。中龄期 15 年左右可配施常规肥料,每公顷 100 kg N+150 kg P_2O_5+50 kg K_2O。

(3)杉木速生材培育施加钙肥技术:对于土壤酸化明显的杉木林地,可以施加钙肥,以造林 5 年后和林分郁闭度达到 70% 左右的林分为宜,并对林下灌草进行适当抚育。每公顷均匀撒施 1 000 kg

生石灰（CaO）或石灰石（CaCO₃）粉末。施钙肥后，杉木平均胸径比对照提高了 7.2%，总生物量增加了 13.9%。土壤 pH 值从 4.2 增至5.7，土壤有机碳矿化速率和土壤养分有效性增加。

应用效果

　　已在福建、湖南、浙江、安徽等地示范应用。与杉木纯林相比，杉木火力楠混交林凋落物年凋落量提高了 56.1%，土壤有机碳、有效磷、有效钾含量分别提高了 7.9%、59.3% 和 13.9%。造林 20 年后，杉木 + 火力楠混交林总生物量比杉木纯林增加 10.56%，树干生物量比杉木纯林增加 10.23%。造林 14 年后，杉木 + 桤木混交林和杉木 +刺楸混交林生物量分别比杉木纯林增加 25.50% 和 10.22%，树干生物量分别比杉木纯林增加 29.47% 和 8.88%。

杉木 + 木荷混交林

杉木林下套种浙江楠

杉木林下植被天然更新

杉木林下套种闽楠

推广应用前景

　　适宜在福建、湖南、浙江、安徽、贵州、四川和江西等杉木人工林主产区推广应用，能够提升土壤肥力和林分生产力，实现杉木人工林长期经营土壤肥力维持和健康可持续经营。

成果来源："杉木高效培育技术研究"项目

联系单位：南京林业大学

通信地址：江苏省南京市龙蟠路 159 号

邮　　编：210037

联 系 人：俞元春

电　　话：025-85428810

杉木高世代良种配方施肥技术

成果背景

随着育种水平的提高，杉木高世代良种得到广泛推广应用。然而，传统杉木施肥配方不能适应这些良种的养分需求，无法发挥高世代良种杉木优良特性。因此，亟须研发与高世代杉木良种配套的施肥技术，为我国高世代良种杉木高效培育提供重要的技术保障。

技术要点与成效

确定了高世代良种杉木幼苗、幼龄林、中龄林、成熟林的配方施肥方案，有效提高了杉木的生长速度和生产力。苗期苗高生长提高 27.55% ～ 27.75%，地径提高 30.82% ～ 48.58%；幼龄林树高生长提高 14.8%，胸径提高 20.4%，单株材积提高 33.3%；中龄林树高生长提高 65.9%，胸径提高 70.2%，单株材积提高 100%；成熟林树高生长提高 54.0%，胸径提高 46.3%，单株材积提高 69.0%。同时提高了肥效利用率，实现了杉木速生、丰产、高效的培育目标。

高世代良种的杉木配方施肥关键技术

发育阶段	配方施肥技术要点
苗期	3—4 月每株施氮量 0.511 g、施磷量 0.270 g、施钾量 1.339 g，以速效肥为主，施加少量硼肥和锌肥，效果更佳

续表

发育阶段	配方施肥技术要点
幼龄林	3—4 月每株施氮肥 185 g、磷肥 253 g、钾肥 60 g，最适氮磷钾配比为 3.08：4.22：1 施肥采用沟施，在离每株杉木 1 m 的上方挖沟，深度 0.15 m，幼龄林沟长 0.8 m
幼龄林	间隔 3 年再次施肥一次，效果更佳
中龄林	3—4 月每株施氮肥 360 g、磷肥 600 g、钾肥 150 g，最适氮磷钾配比为 2.4：4：1 施肥采用沟施，在离每株杉木 1 m 的上方挖沟，深度 0.15 m，中龄林沟长 1 m 间隔 3 年再次施肥一次，效果更佳
成熟林	3—4 月每株施氮肥 399 g、磷肥 368 g、钾肥 200 g，最适氮磷钾配比为 1.99：1.84：1 施肥采用沟施，在离每株杉木 1 m 的上方挖沟，深度 0.15 m，成熟林沟长 1.2 m 间隔 3 年再次施肥一次，效果更佳

高世代良种的杉木配方施肥关键技术

应用效果

已在福建、湖南、江西、湖北等杉木产区累计示范应用 16.2 万亩以上，新增经济效益达 5 500 万元以上。该技术有效降低了传统测土配方施肥的土壤养分测定成本，高世代杉木良种人工林的增产潜力得以发挥，农民收入大幅提高。

推广应用前景

适合我国杉木主产区，可提高高世代良种杉木培育水平，加快杉木生长速度，推动高世代良种杉木的推广应用。

成果来源："杉木高效培育技术研究"项目
联系单位：福建农林大学
通信地址：福建省福州市仓山区上下店路 15 号
邮　　编：350002
联 系 人：刘爱琴
电　　话：13788897646

华北沙地杨树纤维材人工林智能水肥管理技术

成果背景

长期以来，杨树人工林因立地条件差，水肥管理粗放，导致普遍生产力水平低下，大多数杨树人工林的每公顷年蓄积生长量小于 15 m³。此外，华北地区水资源短缺，已成为制约杨树人工林发展的重要瓶颈。因此，利用滴灌技术结合智能控制采集技术，研究杨树人工林的智能水肥一体化栽培技术，实现杨树人工林精准灌溉和精细施肥，达到节水、节肥、高效、环保的杨树人工林可持续经营目标，从而大幅提高我国杨树人工林的生物产量和综合效益。

技术要点与成效

针对杨树主栽区存在的降水不足或分配不均、水肥利用率低等问题，确立了精准灌溉和精细施肥制度和技术。

（1）提出了沿树行铺设一条滴灌管，形成 1 m 宽和 80 cm 深的湿润带的局部灌溉设计方法，即可满足对杨树人工林充分灌溉。

（2）在林木吸收根主要分布的 20 cm 深土层布设土壤水分传感器，监测土壤相对含水率动态变化，据此提出灌溉起始阈值为 20 cm 土层深度田间持水量低于 80%，滴头流量为每小时 4 L，单次灌溉时长为 6 h，单次灌溉量为每公顷 79.2 m³，滴灌次数为 18 次 / 年，全年灌溉量为每公顷 1 425 m³ 的精准灌溉制度。

（3）依据树木对氮、磷、钾营养元素年吸收量决定施肥配方和施肥量，提出以单株施氮＋磷＋钾量为140%的基准施肥量（氮252 g、磷124.3 g、钾241.3 g）为杨树人工林的最优施肥水平，5—8月结合滴灌施肥，灌溉4 h后施肥，施肥频率为每10天一次、每次2 h的精细施肥制度。

应用效果

已在北京大兴、内蒙古赤峰和包头等地推广应用3 000余亩。实现了比常规栽培杨树人工林节水40%以上，提高水肥管理劳动效率80%以上，增加林木生长量50%以上，以10年为运营周期的投入产出比为64.76%，投资内部收益率（15.69%）比常规栽培投资内部收益率（10.25%）提高了5%以上。

推广应用前景

滴灌带与智能控制采集器

适用于华北地区河流故道、沙地、河滩地等较差立地条件栽培杨树人工林，在取得经济效益的同时，为实现杨树人工林可持续经营提供了一套节水、高效、环保的现代化栽培技术方案，具有广阔推广应用前景。

杨树人工林智能水肥管理系统

8 年生杨树人工林

成果来源："杨树工业资源材高效培育技术研究"项目

联系单位：中国林业科学研究院林业研究所

通信地址：北京市海淀区香山路东小府 1 号

邮　　编：100091

联 系 人：兰再平

电　　话：13910826665

详细信息可查询：http://www.forestry.gov.cn/ywxt.html

沿海盐碱地区杨树人工林
土壤改良技术

成果背景

　　杨树是沿海防护林体系重要的造林树种。沿海地区不少造林地土壤为盐潮土，含轻度盐碱，粉砂质地，缺乏营养，保水保肥能力差，易返盐返碱，导致杨树林分早衰或后期生长缓慢，以及采伐更新后杨树生长量大幅下降、木材质量降低等问题。因此，选育杨树抗逆速生新品种，并研发配套的土壤改良和高效营林技术，对保障沿海防护林和木材资源培育的可持续发展具有重要意义。

技术要点与成效

　　针对江苏沿海轻度盐碱地的立地特点和杨树林地土壤相对贫瘠的现状，筛选出'苏杨7号''35杨'等具有较强抗风性和耐瘠薄能力的造林种质，研发了利用复合微生物结合商品有机肥、促进杨树连茬地有机化等土壤改良技术，以及适宜的造林密度配置技术；同时针对农林复合经营模式特点，提出了防止杨树受风害倒伏的关键措施。应用该技术3年生杨树林分平均胸径超对照20%以上，2018年试验地杨树风倒率从13%降低到2%以下。

沿海盐碱地区杨树人工林土壤改良技术模式

项目	技术模式
区域	江苏沿海轻度盐碱地

续表

项目	技术模式
范围	盐城、连云港、南通等沿海地区，以及江苏故黄河流域轻度盐碱地
造林地条件	地势平坦，土壤地下水位 1.5 m 以下，土壤含盐量 0.2% 以下、pH 值 8.0 以下
无性系选择	台风多发地区，'苏杨 7 号''35 杨'，其他地区 '南林 3804' '南林 3412' '南林 895' 等
整地和造林技术	整地：连茬地挖除树根，深翻不低于 60 cm，亩施基肥（有机肥）2 t 以上 植苗造林：穴状整地，栽植穴规格达到 0.8 m×0.8 m×0.8 m 以上，采用苗高不低于 4.5 m、地径不小于 4.5 cm 的大苗造林 造林密度：株行距 4 m×（6～8）m
抚育管理	水肥管理：造林前穴施复合肥 0.4～0.5 kg；造林当年用菌落数不低于 2 亿/mL 的液态微生物肥灌根 4 次；第三年、第五年、第七年各施肥一次，施复合肥 1～3 kg/株。浇足定根水，幼林期视墒情及时灌排 林下间作：新造林，前 3 年可间作油菜、大豆、玉米等，杨树根部半径 1 m 范围内禁止农耕。间伐后，视林下光照条件，种植油菜、小麦等适宜植物。以不影响杨树根系发育和植物生长为宜 修枝间伐：3～4 年、5～6 年各进行一次修枝，修枝强度到树高 1/3 处。4～5 年间伐，株行距变为 8 m×（6～8）m 其他病虫草害同常规管理即可
轮伐期	10～12 年起每年抽样调查，到达数量成熟龄时次年采伐更新

【应用效果】

已在江苏盐城、连云港、宿迁、淮安和南通等地推广应用近 460 万亩，有力支撑了苏北地区杨树更新提质增效和木材资源培育，积极促进了农林协调发展及其与木材加工产业的融合，显著提升了江苏沿海杨树林的生态防护能力。

推广应用前景

　　适用于沿海地区或含轻度盐碱的河堤、道路、农田林网等造林地营建生态防护林兼培育工业原料材的多功能杨树人工林，对促进杨树木材资源培育和加工利用的可持续发展具有重要意义。

江苏盐城大丰杨树示范林　　　　　　江苏宿迁杨树示范林

成果来源： "杨树工业资源材高效培育技术研究" 项目
联系单位： 江苏省林业科学研究院
通信地址： 江苏省南京市江宁区东善桥
邮　　编： 211153
联 系 人： 王红玲
电　　话： 13809040434

桉树高效栽培保水剂造林技术

成果背景

当前桉树人工林经营品种良莠不齐、长期纯林经营、多代连栽和缺乏核心培育技术，导致土壤板结、保水性差、抑制根系生长、造林成活率低、造林时节受限、林分质量和产量低，严重制约了桉树人工林的经济效益和可持续经营。因此，根据我国不同适生栽培区的立地条件，研发桉树丰产增效保水剂造林技术，可促进桉树人工林产量和质量提升。

技术要点与成效

采用保水剂造林解决了桉树在造林期间的苗木成活率以及中期生长的水分调控问题，可实现桉树全年无时节障碍造林，利用保水剂抗旱保苗、节水保肥、疏松土壤、促进植物根系生长等特性，可使桉树人工林造林成活率提升 10.0% 以上，人工林每公顷蓄积提升 15.0%。

桉树高效栽培保水剂造林应用技术模式

项目	技术模式
区域	广西、广东、云南、四川、福建等夏季降雨型热带及南亚热带气候地区
造林地选择	海拔 600 m 以下，年降水量 1 000 mm 以上，台风危害不严重，霜冻期短的平原、丘陵及低山山地
苗木选择	经过省级以上良种审（认）定的品种：'DH32-26''DH32-28''DH32-29''DH33-27''DH32-43''DH299-5'等

项目	技术模式
备耕和造林技术	林地清理：砍倒所有杂灌和枯立木，伐根不大于 20 cm
	整地：坡度不大于 15° 时，机耕全垦整地，机耕深度不小于 80 cm，石灰定点，挖 40 cm×40 cm×30 cm 的种植穴。坡度大于 15°，人工沿等高线挖 40 cm×40 cm×30 cm 的种植坎
	施放基肥：每坎 0.5 kg，然后回表土
	造林密度：1 250 ～ 1 667 株 /hm²
保水剂造林应用	配备：保水剂与水按 1∶250 配比使用，充分吸水膨胀成为饱和水凝胶晶体，容器中无明显游离水即可使用
	使用技术：施放基肥坎位置挖定植坑，规格 40 cm×40 cm×30 cm。苗杯固定在定植坑中间，回中下层土至苗杯 1/3 ～ 2/3 处，压实。保水剂 0.5 kg/ 株，与土壤混合，围绕苗杯，再覆湿土
抚育管理	成活率低于 95% 时，进行补苗；造林后 1 周防治蟋蟀；2 个月后追肥 1 次，除草 1 次；第二年和第三年每年追肥 2 次并除草 2 次

应用效果

　　已在广西等适生栽培地区推广应用 16 万余亩，新增产值超过 8 000 万元，有效提高了桉树人工林产量及质量，扩大了农民的就业渠道，有力支撑了乡村振兴和精准扶贫。

推广应用前景

　　适合广西、广东、云南、四川、福建等适生栽培地区培育优质桉树速生丰产人工林，对推进桉树产业转型升级和国家木材储备基地建设具有重要意义。

桉树高效栽培保水剂造林应用技术

成果来源："重点区域速丰林丰产增效技术集成与示范"项目

联系单位：广西壮族自治区国有东门林场

通信地址：广西崇左市扶绥县东门镇东门林场办公楼 306

邮　　编：532108

联 系 人：彭智邦

电　　话：18487264505

桉树免炼山造林及养分综合管理技术

成果背景

目前，我国 80% 以上桉树人工林采取 4 ~ 6 年短周期连栽经营，同时结合炼山、采伐剩余物移除等措施，极大地影响土壤养分循环与平衡，导致桉树人工林土壤质量明显退化。因此，研发桉树免炼山造林及养分综合管理技术是当前亟待解决的问题。

技术要点与成效

通过对桉树人工林不同立地条件土壤肥力质量评价，确立了桉树人工林可持续经营的最佳轮伐期，提出了采伐剩余物优化管理措施。免炼山、免挖穴的简力定植技术，结合水肥远距离"风炮机"、无人机喷施技术，与传统造林相比，造林成本减少 20% 以上，土壤综合肥力提升 15% 左右。免炼山采伐剩余物平铺归还处理，桉树胸径、树高及蓄积量 4 年分别提升了 1.88%、7.97% 和 20.66%，土壤综合肥力指数上升了 8.37%。实现了桉树人工林的高效、可持续经营。

桉树免炼山造林及养分综合管理技术模式

项目	技术模式
区域	中国南方桉树主产区

续表

项目	技术模式
整地和造林技术	造林前利用农用车载"风炮喷雾机"喷施低剂量草甘膦；1～2个月后，采用"二锄法"（一锄定点和二锄定深，即确定种植点位，打 15 cm 深的坑，施肥后回填 2 cm 泥土将肥料隔开，放入幼苗扶正，回满土）进行打穴、施肥和植苗造林；在造林时或半个月内，施用包膜缓释肥 0.1 kg/ 株（N：P：K=18：11：18）或喷浆造粒有机无机复混肥 0.2 kg/ 株（N：P：K=13：5：7）
抚育管理	第二年追施包膜缓释肥 0.2 kg/ 株或复混肥 0.4 kg/ 株，第三年不施肥，第四年追施复混肥 0.75 kg/ 株，4 年总施肥量为 1.05 kg/ 株或 1.35 kg/ 株；造林后，不使用除草剂
产量指标	种植 4 年后免炼山采伐剩余物平铺归还处理，桉树胸径、树高及林木蓄积量 4 年分别提升了 1.88%、7.97% 和 20.66%，土壤综合肥力指数上升了 8.37%

应用效果

已辐射推广 3 万余亩，与炼山相比每亩材积量增加 20.66%，节约成本 315 元以上，综合净增收 1 575 元。

推广应用前景

适合广东、广西、福建、云南、海南等桉树主产区，尤其是以丘陵山地为主的桉树种植区，对提高桉树产量和单位面积造林效益，维持林地土壤养分供需平衡，保障桉树人工林可持续经营具有重要意义。

成果来源："桉树高效培育技术研究"项目
联系单位：中南林业科技大学
通信地址：湖南省长沙市天心区韶山南路 498 号
邮　　编：410004
联系人：吴立潮
电　　话：13975165728

马尾松 + 火力楠 / 红锥混交林培育技术

成果背景

马尾松长期人工纯林栽培造成了产量下降、地力衰退和生态功能下降等问题，严重制约了马尾松人工林的可持续经营。因此，需根据我国南方亚热带区域的气候、土壤和社会经济条件，系统建立混交林培育技术，为马尾松科学经营、质量精准提升，实现可持续经营提供支撑。

技术要点与成效

选择适生立地类型及筛选配套树种（树种选择、苗木来源和质量），优化集成和组装了马尾松混交林（火力楠 / 红锥）林分结构构建（造林密度、树种比例和种植方式）和调控（修枝、间伐和施肥）技术，基本解决了马尾松人工林纯林地力衰退、生态功能下降、林分结构不合理、短轮伐期经营等技术瓶颈。应用该技术模式的单位总蓄积量比纯林提高 34.7%，木材生产经济效益提高 26%，实现了马尾松人工混交林优质、丰产和可持续的经营目标。

马尾松 + 火力楠 / 红锥混交林培育技术模式

项目	技术模式
区域	南亚热带马尾松适生区
范围	广西、广东等低山丘陵区及温暖湿润气候区域

续表

项目	技术模式
造林地条件	海拔在 300 ～ 800 m 的高丘、低山地貌，局部地形适宜选择山坡中下部，坡向为阳坡或半阳坡。母岩为砂页岩、花岗岩、页岩、片麻岩、长石石英砂岩等，立地指数在 16 以上
家系选择	马尾松为国家和地区审（认）定良种繁育的 0.5 年生 I 级营养杯苗，红锥 / 火力楠为优良种源或种子园 1 年生 I 级营养杯苗。
整地和造林技术	整地：造林前 2 ～ 3 个月完成造林地清理，造林前 1 个月完成穴垦整地，穴规格 40 cm × 30 cm × 30 cm
	初植密度：111 ～ 167 株 / 亩，株行距为 2 m × 2 m ～ 3 m
	栽植：在 11 月至翌年 4 月，雨后种植，适当深栽
	基肥：每穴 0.25 kg 钙镁磷肥，肥料与表土在坎内拌匀
	种植方式：1 : 1 行状种植
	补植：在造林后 1 个月内进行补植，当年保存率应达到 95% 以上
抚育管理	抚育：采用带间砍杂，带面松土除草，抚育时间避开酷暑时间段，原则是草不压苗。第一年和第二年每年抚育 2 次，第三年抚育 1 次
	施肥：立地指数 16 的中幼林，在造林后前 3 年、间伐后、采脂前进行，追肥采用复合肥为主
	修枝：第三年开始修枝，保留轮枝数 3 ～ 4 轮，或保留树高 1/2 的侧枝，锯口应平锯。修枝次数可根据林分郁闭度或培育无节材长度开展
	间伐：第八年进行第一次间伐，间伐后郁闭度达到 0.8 以上时需要再次进行间伐，共间伐 3 次，间伐强度 25% ～ 30%，最终每亩保留 60 株，其中阔叶树 30 株，马尾松 30 株
轮伐期和产量指标	轮伐期 25 ～ 30 年，主伐时胸径达 40 cm 左右，立木蓄积量达 15 ～ 20 m³/（hm² · 年），超过常规栽培 15% ～ 26%

【应用效果】

　　已在广西贵港市、贺州市、崇左市、南宁市、梧州市等地推广应用 1 500 多亩，推动了马尾松产业升级，为农户增收和地方经济发展提供了示范样板，有力地支撑了乡村振兴。

推广应用前景

适合我国南亚热带（红壤丘陵区）马尾松速生丰产用材林基地重点地区，对提高马尾松人工林培育水平、支撑国家木材储备基地建设具有重要意义。

马尾松＋火力楠混交林　　　　　马尾松＋红锥混交林

成果来源："重点区域速丰林丰产增效技术集成与示范"项目

联系单位：广西壮族自治区林业科学研究院

通信地址：广西南宁市邕武路 23 号

邮　　编：530002

联 系 人：陈虎

电　　话：15296504028

马尾松人工林近自然化改造技术

成果背景

针对现有马尾松人工纯林低效、生态功能不高等问题，研究马尾松人工林近自然化改造后的生长量、物种多样性和土壤理化性质等变化，筛选适宜的阔叶树种，构建马尾松纯林近自然化改造技术。

技术要点与成效

在马尾松南带产区，筛选出适宜马尾松纯林近自然化改造的两个树种为红锥和格木。马尾松纯林通过套种红锥或格木进行近自然改造，马尾松＋红锥混交林每亩年增长经济效益 41.6%，马尾松＋格木混交林每亩年增长经济效益 27.5%。改造区的物种丰富度及均匀度比对照区有所增加，改造后明显地改善了土壤的物理和化学性质。

马尾松人工林近自然化改造技术模式

项目	技术模式
区域	马尾松南带产区
纯林营建	马尾松初植密度为 167 株 / 亩，苗木类型为半年生苗
幼林抚育	造林后连续 3 年抚育管理；第七年透光伐，强度 20%～30%；第十一年第一次间伐，强度 30%～40%；第十六年第二次间伐，强度 30%～60%，每亩选择 6～8 株目标树，同时每亩按 8 m×10 m 株行距间伐出林隙备种阔叶树，保留密度每亩 40 株
套种	红锥（格木）种植方式：丛植（5 株 / 丛） 种植密度：每亩 8 丛 苗木类型：2 年生容器苗

续表

项目	技术模式
林分经营	丛植红锥（格木）后进行3年块状抚育，对马尾松目标树进行单株管理，第十五年每丛红锥（格木）选择1株目标树（8株/亩）进行单株管理。之后每5年进行一次马尾松和红锥（格木）干扰树伐除，当马尾松达到目标胸径（50 cm）后择伐利用，此后对红锥（格木）目标树进行单株管理，培育红锥（格木）大径材（60 cm）
产量指标	短期目标林相为马尾松红锥（格木）异龄复层混交林，主林层培育马尾松大径材，目标胸径50 cm以上，次林层为红锥（格木），平均胸径35 cm以上；长期目标林相为红锥（格木）为主的近自然林，目标胸径60 cm以上，累计蓄积量大于600 m³/hm²，其中目标树蓄积量达250 m³/hm²，培育周期大于50年
利用方式	均以择伐的方式采伐目标树

应用效果

　　已在马尾松分布区南带推广应用4.3万余亩，新增产值超1 700万元，吸引了大量林企和林农的加入，推动了当地马尾松产业的升级，扩大了农民就业渠道，为农户增收和地方经济发展作出了积极贡献。

马尾松 + 红锥 + 香梓楠混交林

马尾松 + 格木 + 大叶栎混交林

推广应用前景

　　适合我国南带马尾松Ⅰ类产区等重点区域，对缓解马尾松大径材资源的短缺，促进马尾松人工林高效培育和可持续发展具有重要意义。

成果来源："马尾松高效培育技术研究"项目
联系单位：中国林业科学研究院热带林业实验中心
通信地址：广西崇左市凭祥市科园路 201 号
邮　　编：532600
联 系 人：安宁
电　　话：18677125816

北方滨海盐碱地和河滩沙地刺槐混交林营建技术

成果背景

黄河三角洲等滨海盐碱地和河滩沙地是我国北方最重要的待绿化困难立地，亟待建设生态防护林。但由于盐碱地蒸发量大，土壤盐渍化严重，亟须研发生态防护林造林技术，建立稳定的森林生态系统。

技术要点与成效

选育出刺槐、柳树、白蜡等树种的耐盐良种及配套良种繁育技术；提出了稳定高效的多种混交林配置模式；集成混交树种配置、原土绿化、台田技术及造林微环境改善等技术，形成盐碱地造林技术；集成混交树种配置、抗旱造林、合理密度及水肥管理等技术，形成河滩沙地造林技术。

北方滨海盐碱地和河滩沙地刺槐混交林营建技术模式

项目	技术模式	
	滨海盐碱地	河滩沙地
造林地条件	盐分含量 0.3% 以下	地下水位 1.5 m 以上
适宜与刺槐混交的树种	臭椿、白蜡、柽柳、柳树、黑杨、榆树、杜梨、桑树、毛白杨等	火炬松、黑松、白蜡、水杉、柳树、黑杨、榆树、杜梨、桑树、毛白杨泡桐、悬铃木等

项目	技术模式	
	滨海盐碱地	河滩沙地
整地和造林技术	植苗造林，一般穴的径和深均在 30 cm 以上；3 年生以上大苗造林时，穴的径和深可在 40 cm 以上。在中重度盐碱地带，用土抬高地面 10 ～ 20 cm，每隔 10 ～ 15 cm 打一横梗形成畦，利于雨季或灌溉时蓄水，淋溶盐分。栽植株行距（2 ～ 4）m×（3 ～ 6）m，因树种和盐分梯度而定	植苗造林，一般穴的径和深均在 60 cm 以上；初植株行距 2 m×3 m
抚育管理	造林后前 2 年林下间作苜蓿、大豆等作物；3 ～ 4 年、5 ～ 6 年各进行一次修枝施肥，修枝强度到树高 1/3 处，施复合肥 100 ～ 200 kg/hm^2	造林后前 2 年林下间作花生、大豆等作物；3 ～ 4 年、5 ～ 6 年各进行一次修枝施肥，修枝强度到树高 1/3 处，施复合肥 100 ～ 200 kg/hm^2
间伐	当林分郁闭度达 0.8 以上时，进行第一次间伐，郁闭度控制在 0.6 ～ 0.7；树龄达 10 年，如出现挤压、生长衰弱或严重病虫危害的情况，可进行去劣留优的轻度间伐	造林第三年，进行第一次间伐；间伐后株行距 4 m×6 m；树龄达 10 年，如出现挤压、生长衰弱或严重病虫危害的情况，可进行去劣留优的轻度间伐
产量指标	轮伐期 25 ～ 30 年，主伐时立木蓄积年生长量达 20 ～ 25 m^3/hm^2，超过常规栽培 15% ～ 20%	轮伐期 10 ～ 15 年，主伐时立木蓄积年生长量达 25 ～ 30 m^3/hm^2，超过常规栽培 15% ～ 20%

应用效果

　　已在山东省东营市、滨州市、潍坊市，江苏省盐城市、连云港市示范推广，为盐碱地和河滩沙地造林绿化提供样板和示范，辐射和带动该类困难立地人工林的发展。

推广应用前景

　　适合我国黄河下游河滩平原沙地和我国北方滨海盐碱地等地区造林，对提高人工林培育水平、建立稳定生态体系具有重要意义。

滨海盐碱地刺槐＋榆树混交林

滨海盐碱地刺槐＋白蜡混交林

滨海盐碱地刺槐＋杨树混交林

河滩沙地刺槐＋柳树混交林

成果来源："重点区域速丰林丰产增效技术集成与示范"项目

联系单位：山东农业大学

通信地址：山东省泰安市泰山区岱宗大街 61 号

邮　　编：271018

联 系 人：曹帮华

电　　话：18853855558

落叶松＋胡桃楸混交林营建与经营技术

成果背景

落叶松＋胡桃楸人工混交林是东北地区典型的针阔混交林。研发落叶松＋胡桃楸混交林营建与经营技术，不仅可以提高林地生产力和产出率，也是增强森林生态系统功能的有效措施，符合提升林业发展质量与效益的根本要求。

技术要点与成效

1. 技术成效

（1）落叶松采用种子园的种子育苗，胡桃楸采用审定的胡桃楸良种与"轻基质＋青果秋播"的轻简化播种育苗技术相结合的"一体化"良种壮苗高效繁育技术体系育苗。

（2）造林地选择地位指数 18～20，穴状整地。

（3）带状混交比为胡桃楸∶落叶松=3∶5、株行距为 1.5 m×2 m、初植密度每公顷 3 300 株。

（4）抚育 4 年 7 次（2 次—2 次—2 次—1 次），第一次抚育间伐在 15 年（留优去劣、均匀间伐），每隔 5 年间伐一次，间伐强度 20%～25%。落叶松 40 林龄进行皆伐，胡桃楸继续进行大径材培育。

（5）落叶松幼林单施氮肥每株 0.2 kg，中龄林单施尿素每株 0.5 kg，主伐前 4～5 年施氮肥。胡桃楸幼树最适施肥量为每株 40 g

复合肥，径级 5 ～ 10 cm、10 ～ 20 cm 和 20 ～ 30 cm 的胡桃楸适宜施肥量分别为每株 0.2 kg、0.5 kg 和 3 kg 复合肥。

2. 技术成效

应用该技术可实现 30 年生混交林每公顷年蓄积量比纯林提高 3.5 m³。

30 年生胡桃楸 + 落叶松混交林、胡桃楸纯林、落叶松纯林比较

林分类型	带状混交比例	树种	林分密度（株 /hm²）	平均树高（m）	平均胸径（cm）	单株材积（m³）	林分蓄积（m³/hm²）
胡桃楸—落叶松混交林	胡桃楸：落叶松 = 3：5	胡桃楸	567	16.48	18.82	0.178 1	125.70
		落叶松	527	15.66	19.43	0.214 9	88.74
胡桃楸纯林	胡桃楸≥80%	胡桃楸	850	13.16	16.45	0.131 1	108.53
落叶松纯林	落叶松≥80%	落叶松	978	14.67	18.08	0.153 7	150.31

应用效果

已在黑龙江省、吉林省、辽宁省等地推广应用 6 000 余亩，每公顷林地每年木材经济收入可提高 1.05 万元，3 年累计木材增收 1 269 万元。

推广应用前景

适合我国东北"国储林""两屏三带"和林业"双增"的重点区域落叶松 + 胡桃楸混交林培育。

23 年生落叶松 + 胡桃楸人工混交林
（东北林业大学帽儿山实验林场，胡桃楸：落叶松 =3 ： 5）

成果来源："重点区域速丰林丰产增效技术集成与示范"项目

联系单位：东北林业大学

通信地址：黑龙江省哈尔滨市和兴路 26 号

邮　　编：150040

联 系 人：杨立学

电　　话：0451-82191122、13796611896

第八章 复合经营

东北南部地区杨树人工林全培育周期高效复合经营技术

成果背景

东北南部地区杨树人工林林下经济发展滞后，林地空间利用率低，急需根据不同的林龄和林分环境，选择合适的复合经营技术，通过林下种植或养殖，大幅度提升土地利用率，增加林地附加值，提升土壤肥力，促进杨树生长发育。

技术要点与成效

根据东北南部地区杨树人工林环境特点，以杨树人工林的不同生长发育阶段为基础，通过增加杨树林下生物量，获取更多的经济产出，研制出杨树人工林全培育周期高效复合经营技术。

（1）3年生以下幼龄林复合经营：林—粮复合经营模式，杨树林下种植大豆、花生、芝麻或西瓜等，农作物每亩纯收益 600～1 400 元；林—林复合经营模式，杨树林下种植丁香、连翘、锦带或万寿菊等。

（2）4～8年生中龄林复合经营：林—药复合经营模式，杨树林下种植板蓝根、柴胡、贝母、蒲公英、黄芪、金银花等；林—畜禽复合经营模式，林下放养土鸡、生猪或肉兔等。中草药每亩纯收益 3 000～4 000 元；畜禽每亩收益 1 500 元；土壤速效氮的含量提高 186.3%，速效磷的含量提高 50.5%。

（3）8年生以上近成熟林：林—菌复合经营模式，杨树林下种植毛柄金钱菌、大球盖菇、平菇或草菇等。林下食用菌每亩纯收益8 000 ～ 10 000 元，林木生长量提高 10% ～ 15%。

应用效果

已在辽宁、吉林等省推广，累积推广面积超过 100 万亩，对区域林业产业结构调整起到了助推作用，促进了区域经济的发展，为农民增收和林业增产作出了积极贡献，有力地支撑了乡村振兴。

推广应用前景

该技术适合在我国东北地区南部平原推广，以促进林业生产从单纯经营林木资源向林木资源及林地资源综合开发利用转变，推动林下经济产业快速发展。

杨树全培育周期高效复合经营

成果来源："杨树工业资源材高效培育技术研究"项目

联系单位：辽宁省杨树研究所

通信地址：辽宁省盖州市团山办事处任屯村

邮　　编：115213

联 系 人：梁德军

电　　话：13941728895

欧美杨良种速丰林团状栽培农林复合经营技术

成果背景

平原地区是杨树速丰林栽培的适生区，也是我国粮食主要生产基地，杨树农林复合经营取得了林茂粮丰的效果。但长期以来，由于杨树品种选择不当、栽培密度大、造林第四年后杨树墙式林荫遮光，未能充分发挥杨树良种生产潜力。

技术要点与成效

1. 技术要点

（1）立地条件：选择地势平坦，坡度 10° 以下，土壤有效层厚度 0.8 ～ 1.0 m 以上，立地指数 18 以上。

（2）良种选择：欧美杨 '107 杨' '108 杨' '2012 杨'。

（3）整地和造林：机械全垦或带垦，垦深 30 ～ 50 cm，机械或人工挖穴，穴深 0.3 ～ 0.5 m，穴施复合肥 0.5 ～ 1 kg，采用 1 根 1 干的 Ⅰ 级、2 根 1 干的 Ⅱ 级、2 根 2 干的 Ⅱ 级以上壮苗造林；造林密度为 3 株、4 株或 6 株团状定植，树团内株行距（2 ～ 3）m ×（2 ～ 3）m，树团间距 7 ～ 9 m、行距 7 ～ 10 m。

（4）抚育管理：造林后 1 ～ 7 年进行林下间作。1 ～ 3 年间作矮秆作物（花生等），3 ～ 4 年间作中秆作物（大豆等），5 ～ 7 年间作高秆作物（玉米等）。4 ～ 5 年、6 ～ 7 年、8 ～ 9 年各进行一次修枝，修枝强度到树高 1/3 处。

2. 技术成效

应用该技术，纤维材林培育轮伐期 4 ～ 9 年，主伐时年均胸径生长量达 3 cm；单板和纤维材林培育轮伐期为 10 ～ 15 年，主伐时年均胸径生长量达 3.2 cm。林下间作农作物每公顷年收入 6 000 ～ 17 500 元。

'2012 杨' 3 株团状与西瓜（油菜）复合经营模式

应用效果

已在河北省魏县等地区推广应用 3 万余亩。欧美杨良种团状栽培杨—农复合经营模式的 3 年生和 7 年生生长量比行状造林分别增加了 12.2% 和 39%，团状配置农田林网杨—粮复合经营模式 7 年生林下间作小麦产量比行状造林增加了 9%，比无林良田增加了 14.2%，杨—圃复合经营模式 1 ～ 4 年生林下间作苗木出圃量比行状造林增加了 14% 以上，改善了林下间作物种植时间短、产量降低、经济收入不高的问题。

推广应用前景

适于我国华北平原杨树主要栽培区，实现了基本不影响林下间作产量又可获得优质木材的立体、高效生态型杨—农复合经营的种植结构，提高了农林综合经济效益，改善了平原绿化生态环境，具有广阔的应用前景。

成果来源："重点区域速丰林丰产增效技术集成与示范"项目
联系单位：中国林业科学研究院林业研究所
通信地址：北京市海淀区香山路东小府1号
邮　　编：100090
联 系 人：李金花
电　　话：010-62888695

尾巨桉近熟林间种小粒咖啡技术

成果背景

　　桉树多为短周期的纸浆生产林，且多为同一无性系或同一品种纯林经营模式，生产潜在风险较大。延长桉树生长周期，一方面可提高桉树大径材林出材比例，另一方面通过经营短周期的经济作物，开展复合经营，实现森林的立体生态模式，兼顾经济和生态效益。

技术要点与成效

1. 技术要点

　　（1）选择立地指数 24 以上，8 ～ 9 年生尾巨桉大径材林分（伐后每公顷保留 300 ～ 400 株），林下混合种植。

　　（2）在桉树林下郁闭度 0.4 ～ 0.6 的条件下，经过细致整地、合理的水肥调控等技术措施，间种小粒咖啡，种植密度为 4 m×2 m。

2. 技术成效

　　应用该技术，尾巨桉平均胸径生长量和单株材积生长量分别提高 17.79% 和 51.43%。经济产值比桉树纯林提高 7.7 倍。

应用效果

　　在广东湛江地区间种小粒咖啡的尾巨桉大径材人工林，小粒咖啡年平均每公顷产量可达 1 500 kg，尾巨桉大径材平均胸径生长量比纯林高出 4.62 cm，平均单株材积增长 0.18 m^3，尾巨桉大径材林间种小粒咖啡比尾巨桉大径材纯林经济效益显著增加。

推广应用前景

　　培育桉树大径材结合林下小粒咖啡种植，既促进了尾巨桉大径材生长，又有效控制了林下植被，增大了尾巨桉的经济产值，降低了桉树人工林的经营成本，同时小粒咖啡也具有良好的经济效益，市场前景广阔，可在热带和南亚热带地区推广应用。

尾巨桉林下间种小粒咖啡

成果来源："桉树高效培育技术研究"项目

联系单位：中国林业科学研究院速生树木研究所

通信地址：广东省湛江市人民大道中 30 号

邮　　编：524022

联 系 人：何沙娥

电　　话：18813629082

华山松林下重楼、黄精种植技术

成果背景

华山松是我国西南地区主栽造林树种之一。由于大面积华山松人工纯林的营建，导致其生长量、生长势下降，病虫害明显增加，同时还存在良种选育滞后、利用水平低下、产品附加值低等问题，华山松林下开展复合经营，可提升经营技术和产业水平。

技术要点与成效

1. 技术要点

（1）造林立地选择：中厚层黄红壤立地类型，海拔 $1\,200 \sim 3\,300\,m$ 的华山松适生区，要求坡度小于 $30°$，年均温为 $15 \sim 20\,℃$ 左右，无霜期为 220 天以上，年降水量为 $800 \sim 1\,200\,mm$。

（2）良种筛选：滇重楼'云农 2 号'3 年生根茎；滇黄精'煜欣红'2 年生根状茎。

（3）抚育管理与林分调控：郁闭度为 $0.6 \sim 0.7$ 的华山松人工林下，修除华山松树冠下层 $2\,m$ 以下枝条。林下透光率控制在 $30\% \sim 40\%$ 以内，密度控制在 $4\,m \times 3\,m$。

2. 技术成效

该技术可提高林农短期经济收入，打破连作障碍，提高单位面积的经济产出。

应用效果

　　已在云南省弥渡县、巍山县等地推广应用 600 亩，华山松林下亩产黄精可达 3 000 ～ 3 500 kg，亩纯收入约 2.8 万～ 3.6 万元。华山松林下重楼亩产可达 1 200 ～ 1 600 kg，亩纯收入约 6 万～ 12 万元。林下经济带动增收明显。

华山松林下重楼种植

华山松林下黄精种植

推广应用前景

　　该技术可在四川、云南、贵州等华山松适生区推广。

成果来源：	"重点区域速丰林丰产增效技术集成与示范"项目
联系单位：	西南林业大学
通信地址：	云南省昆明市盘龙区白龙寺 300 号
联 系 人：	辛培尧
电　　话：	18988096326
邮　　编：	650224

马尾松林下黄精栽培经营技术

成果背景

目前，我国马尾松林分存在生产周期长、常规营林见效慢等问题，亟须研发其林下栽培经营技术，提高马尾松林分的经济效益、生态效益和可持续经营水平。

技术要点与成效

1. 技术要点

（1）造林地选择：选择林龄 10 年以上的马尾松林，郁闭度 0.5～0.6，日照较短的背阴缓坡地或平地，坡度不超过 30°。质地疏松、保水性与透水性强、土壤不含重金属的微酸性夜潮地、灰泡土、腐殖土地种植最佳。

（2）整地和套种：采用水平带状整地，带宽 1.2～1.5 m，每亩施有机肥 500 kg，采用多花黄精块茎或 2 年生种子苗，于 10—11 月或翌年 4 月种植。种植前，将块茎用 25% 多菌灵可湿性粉剂 1 000 倍液浸 20 min，防治腐烂病的发生。种植密度为行距 25 cm，株距 20 cm，每亩 5 000 株。栽后浇透一次定根水，以后根据土壤墒情适当浇水。用松针或腐殖土铺盖土壤 3～5 cm。

（3）抚育管理：种植前要施足有机肥和过磷酸钙，种植第一年可不追肥或少量追肥。翌年 5—6 月和 9—10 月每月除草 1 次，10 月除草后根外追施含氮、磷并充分腐熟的有机肥 1 次。

（4）采收：块茎种植 4 年或种苗种植 5 年后，待地上部分停止生长，表现为地上苗木出现倒伏，即可采收。采挖时选择无雨天采挖，去除泥土、须根。

2. 技术成效

该技术应用，每亩可产鲜货 1 000 ～ 1 500 kg，亩产值 15 000 ～ 22 000 元，年利润每亩 1 000 ～ 1 600 元。

应用效果

已在江西、湖南、浙江以及广西等多个省（区）推广应用，可使马尾松林分蓄积每亩年增长量 0.25 m³ 以上，生产力提高 25% 以上，林地木材生产经济效益提高 85% 以上，林下种植中药材经济效益增加 210% 以上，推动了马尾松经营利用产业发展，扩大了农民的务工渠道，为区域林业经济发展和林农增收致富作出了积极贡献。

马尾松林下多花黄精种植效果

推广应用前景

适合在我国中南部亚热带湿润地区的马尾速生丰产用材林基地

推广，该技术对缩短马尾松经营周期、提高马尾松用材林综合经营利用价值具有重要作用，应用前景广阔。

成果来源："马尾松高效培育技术研究"项目

联系单位：中国林业科学研究院亚热带林业实验中心、南京林业大学

通信地址：江西省分宜县、南京市龙蟠路 159 号

邮　　编：336603

联 系 人：曾平生、季孔庶

电　　话：13807901695、13851838210

泡桐＋麦冬／油牡丹高效复合经营技术

成果背景

　　泡桐是强阳生落叶树种，冠幅大，种植株行距较大，行间空旷。针对泡桐林地资源利用率低、单一木材生产效益偏低、培育周期相对较长等突出问题，亟须研发高效复合经营技术，以充分利用林下土地资源、提高单位面积产出率，增加林农收益。

技术要点与成效

　　（1）"泡桐＋麦冬"复合经营技术：在 10 年生泡桐试验林中（株行距 6 m×8 m），湖北麦冬、麦冬种植株行距 20 cm×20 cm、花期不剪除花葶的处理，与泡桐纯林相比，泡桐生长量可增加 5.33%，每亩年综合经济效益可增加 1 199 元。

　　（2）"泡桐＋油牡丹"复合经营技术：在 5 年生泡桐试验林中（每亩 30 株），不间隔泡桐行种植油牡丹，与泡桐纯林相比，泡桐生长量无显著差异，每亩年综合经济效益可增加 1 250 元。

应用效果

　　已在江西、河南等地推广 500 亩，桐材和间作物综合经济效益每年每亩可达 1 200 元，投入产出比均达到 1 :（35 ～ 45）。

推广应用前景

　　适宜在泡桐、麦冬和油牡丹的适生区域推广应用，有利于提高泡桐培育综合效益、土地利用率和农民收益，应用前景广阔。

泡桐＋麦冬复合经营试验林　　　　泡桐＋油牡丹复合经营试验林

成果来源："油松等速生用材树种高效培育技术研究"项目
联系单位：中国林业科学研究院经济林研究所
通信地址：河南省郑州市金水区纬五路3号
邮　　编：450003
联系人：常德龙
电　　话：13838027763
电子邮箱：chdelong@126.com

第四篇
资源监测与灾害防控

人工林生长与环境信息物联网
实时监测技术

成果背景

中国现有人工林面积 7 954.28 万公顷，面积稳居世界第一。但是，人工林资源监测存在数据时效性差、监测自动化程度低等问题，主要在于缺乏林业专用传感器、森林环境无线组网难度大、覆盖范围有限、组网技术异构等，一直是制约林业物联网技术发展的难题，急需适用于森林环境的广域自组网技术。物联网监测数据云端接入、管理、分析和可视化是实时监测实现的关键技术。

技术要点与成效

（1）提出了基于磁角度变化与单木直径关系的测量方法并研发了人工林单木直径测量传感器，误差达到 1.2%，且大大降低了成本。基于双环形电极测量突破了树干水分无损检测技术，研制了树干含水率测量传感器，误差 0.4%。实现了人工林生长关键因子的自动、长时序和快速监测。

（2）研发了土壤参数实时测量/检测关键技术，实现了人工林土壤环境因子的自动、长时序和快速监测。研制了土壤剖面水分传感器，误差 1.1%；研制了土壤紧实度—水分复合传感器，误差 6.7 kPa；研制了土壤电导率—水分—温度复合传感器，误差 1.8%；研制了土壤 pH 值传感器，pH 值误差 0.02。

（3）研制了适用于人工林复杂环境特点的 LoRa 物联网网关和采集节点单元，解决了森林环境较大规模无线网络覆盖与数据传输，以及不同数据采集 / 传输协议监测设备的统一接入问题；自主研发了基于公有云的人工林监测信息物联网管理系统，实现了监测设备、数据的接入与管理、数据分析与可视化、数据共享和应用服务，满足了通过 Web 和智能 App 快速获取和共享物联网监测数据的应用需要。

广西南宁高峰林场桉树人工林物联网野外布设

监测数据   App 数据显示及可视化

高峰林场桉树人工林实时监测

应用效果

传感器成果在内蒙古、广西、北京、天津、湖北等地进行了应用示范，物联网监测信息云管理系统在四川美姑大风顶自然保护区、广西花坪自然保护区、塞罕坝人工林监测项目以及神农架国家公园智慧监管项目中得到应用，不仅实现了监测数据的实时接入和高效管理，显著提高了监测数据的时效性和精度，还实现了物联网监测数据的分析可视化以及共享服务，为自然保护地大数据技术应用提供了直接的数据服务。

推广应用前景

该成果基于物联网技术、云计算等新一代信息技术，在信息感知、无线组网通信和信息传输，以及云管理系统等方面取得突破性进展，可直接应用于自然资源、生态系统和自然保护地的长期、连续、自动监测，在显著降低监测成本的同时，获取高时效、长时序、连续观测数据，具有很好的市场化前景。

成果来源："人工林资源监测关键技术研究"项目
联系单位：中国林业科学研究院资源信息研究所
通信地址：北京市海淀区东小府1号中国林业科学研究院33号信箱
邮　　编：100091
联系人：张旭
电　　话：13701182282
详细信息可查询：http://203.83.62.63:8028/piot/

人工林树种（组）多源遥感分类技术

成果背景

人工林小班树种（组）（简称人工林类型）专题信息是编制森林资源经营方案，提高经营管理决策水平的基础数据。但现有小班人工林类型遥感分类方法通常只将森林类型分为针叶、阔叶和混交等几个大类，可区分类别较粗，分类的自动化程度和精度都有待提高。研发高精度、高效率的人工林类型多源遥感精细分类方法，对完善现有森林资源监测技术体系具有重要意义。

技术要点与成效

（1）提出了一种基于自动分层和关键特征变量选取的决策树分类方法，山地试验区分类总精度达 85.2%，比随机森林和分类回归决策树分别提高了 4.8% 和 9.5%；在平原试验区，分类总精度达到 97.3%。

（2）针对全色和多光谱卫星遥感空间分辨率高、光谱/时相分辨率较低特点，提出了一种深度学习集成分类方法：双支 FCN8s–CRFasRNN，采用迁移学习思路缓解小样本问题，并将无人机数码影像解译引入分类框架，解决了高质量大样本地面实况数据不容易获取问题。山地试验区总精度达到 90.1%，比传统支持向量机分类方法精度提高 10% 以上。

（3）针对机载高光谱影像，创新了机载高光谱人工林类型深度学习树种分类方法 3D–1D–CNN。在广西高峰林场试验区，采用 125

波段 1 m 分辨率机载高光谱数据，实现了小样本（分类模型训练可用样本稀少）高精度树种分类，人工林树种分类精度达到 93.9%；提出了机载高光谱人工林类型小样本深度学习树种分类方法 IPrNet 原型网络，有限训练样本情况下，树种类型分类精度达到 98.6%。

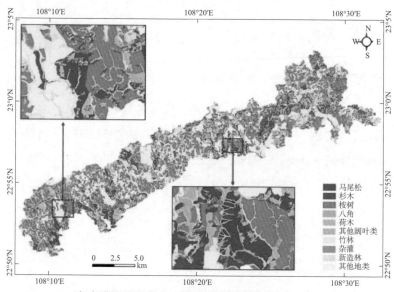

多光谱遥感影像人工林类型分层决策树分类结果

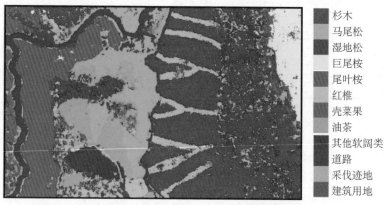

基于机载高光谱遥感数据的树种（组）类型深度学习分类结果

应用效果

已在内蒙古赤峰市、广西南宁市、安徽利辛县、北京延庆区、福建等地示范应用达 395.36 km²，有效提升了森林类型分类的详细程度和精度，提高了森林、湿地、自然保护地等资源调查监测业务的效率和监测成果质量，对人工林资源科学化经营决策具有重要支撑作用。

推广应用前景

该技术有利于降低二类调查、林地一张图年度更新、森林资源一张图年度调查等业务对人工目视解译的依赖程度，可推广应用于湿地、自然保护地等资源调查监测业务，提高调查监测效率和成果质量。

成果来源："人工林资源监测关键技术研究"项目
联系单位：中国林业科学研究院资源信息研究所
通信地址：北京市海淀区东小府1号
邮　　编：100091
联 系 人：陈尔学
电　　话：13717635908

人工林结构参数多源遥感
定量估测技术

成果背景

我国当前森林资源二类调查业务对小班平均树高、蓄积量和郁闭度的调查仍然采用基于角规 / 标准样地的实测 / 目测调查法，由于需要按小班逐个调查，地面工作量巨大，结果受调查人员主观影响大，成果质量参差不齐。迫切需要充分利用新一代遥感、机器学习等技术，提高人工林资源遥感定量化估测技术水平，完善现有的二类调查技术体系。

技术要点与成效

（1）针对干涉 SAR（InSAR）用于复杂地形区森林高度定量反演，提出了一种基于简化的随机体散射—地表模型（SINC 模型）和蒙特卡洛模拟算法的林分优势木平均高反演误差估计方法，山地森林高度估测精度达到 78.7%，对 Tandem-X 及类似 InSAR 卫星（如我国在轨 L 波段差分干涉 SAR 卫星）的大区域森林优势木平均高制图应用具有重要技术支撑作用。

（2）提出了一种可有效联合地面样地调查数据、无人 / 有人机遥感抽样数据和卫星遥感数据等多尺度数据，分两步估测森林参数及其误差的层次回归克里格（RK-GHMB）方法，克服了前人提出的 GHMB 因未考虑估测单元间空间相关性导致的小面积统计单元（样地／林分／小班）参数及其不确定性估计方法欠科学问题，实现了天—空—地多源"立体"观测数据的一体化协同应用，为充分利用现代遥感技术、降低森林资源二类调查成本提供了一种有效技术途径。

（3）提出了多源、多时相和多模式的遥感卫星影像组合的智能化特征筛选和 AdaStacking 自适应集成模型，显著改善了单一的估测模型易出现的"饱和"和"过拟合"等现象，人工林林分蓄积量的估测精度达到 76.1% ～ 83.7%。

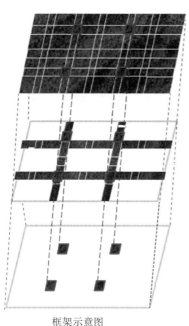

框架示意图

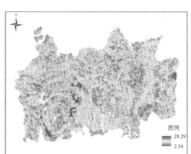

研究区森林高度估测结果

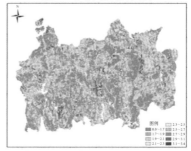

研究区森林高度估测结果的不确定性（RMSE）

星—机—地多源观测协同森林参数估测技术

应用效果

该成果具有监测周期短、自动化程度高、人力投入成本低等特点，已在内蒙古赤峰市旺业甸实验林场、湖南省攸县黄丰桥国有林场、黑龙江省自然资源权益调查监测院等地区示范应用 4 万余 km²。制作了黄丰桥国有林场森林蓄积量分布图，已用于林场森林蓄积量监测、森林资源清查等业务；制作了旺业甸实验林场小班平均树高、蓄积量和郁闭度分布图，已用于林场森林资源监测、经营管理等业务；制作了覆盖整个伊春市的森林郁闭度分布图，已用于森林资源监测、湿地资源监测等业务。

推广应用前景

该成果可用于实现落实到山头地块的林分郁闭度、蓄积量、平均高等参数定量估测，适用于森林资源二类调查业务；所提取的小班森林参数空间分布信息适用于定量评价不同经营措施下的人工林生长状况及经营成效，有利于监测森林质量精准提升工程实施效果，也可用于森林碳汇计量和生态效益评估等业务，具有广阔的业务化应用前景。

成果来源："人工林资源监测关键技术研究"项目
联系单位：中国林业科学研究院资源信息研究所
通信地址：北京市海淀区东小府 1 号
邮　　编：100091
联 系 人：陈尔学
电　　话：13717635908

区域人工林类型遥感动态监测技术

成果背景

从遥感数据中准确、高效地获取大区域尺度人工林类型动态变化信息，可为人工林资源管理和利用提供重要的基础数据和决策依据。但由于遥感数据时空分辨率、分类策略、方法等方面的局限，至今尚难以在大区域尺度实现高精度人工林类型遥感动态监测。因此，发展基于多源、多时相、多特征、层次化的高精度人工林类型识别技术，克服单一数据源、单一策略、单一方法在中高分辨率遥感影像区域尺度人工林类型提取方面存在的问题，提高区域优势树种类型遥感识别精度已迫在眉睫。

技术要点与成效

根据人工林主要优势树种类型特点，分别构建了适用于不同区域人工林类型的遥感监测技术方法，重点突破了基于时—空—谱信息的多特征层次化人工林类型遥感提取技术。

针对北方主要人工林类型，利用 Landsat、高分系列、Sentinel-2 等数据，结合 NDVI 光谱特征、光谱微分特征、光谱曲线动态变化和生长速率差异等物候响应特征，并融合时间序列地表温度数据，实现了对落叶松、油松、杨树等典型人工林优势树种的高精度提取，平原地区监测精度达 90.1%，山区监测精度为 88.8%。

针对南方主要人工林类型，利用长时间序列的环境一号（HJ-1）

多光谱卫星和 Sentinel-2 多光谱卫星数据，提出了多层次分步分类的人工林类型监测方法。根据针叶林与阔叶林自身光谱及其植被指数特征差异，对针叶林与阔叶林粗分类，结合人工间伐规律和更加丰富的纹理、季相物候特征构建桉树人工林时间序列识别模型，基于时序红边 NDVI 特征动态变化信息，创建冠层纹理植被指数差异特征模型，高精度提取马尾松和杉木。南方试验区平原地区监测精度达到 91.0%，山区达到 86.4%。

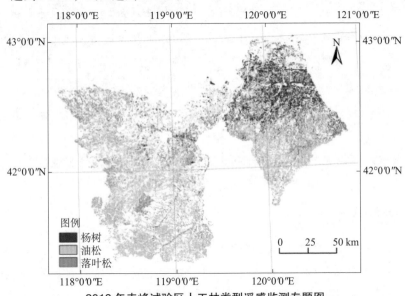

2019 年赤峰试验区人工林类型遥感监测专题图

应用效果

已在内蒙古赤峰市和广西南宁市 2 个应用示范区生产了区域人工林类型遥感监测产品 4 期，形成了人工林类型持续监测能力，示范区面积近 3 万 km²。可为区域尺度人工林类型动态监测提供定量化、高精度的信息，降低森林资源调查成本，节省人力、物力，在人工林资源调查和管理等业务中具有较大的应用潜力和重要应用价值。

推广应用前景

适合我国北方油松、杨树、落叶松，以及南方桉树、马尾松、杉木等人工林类型区域尺度动态监测的应用需求。通过制定的区域人工林面积遥感监测技术规程，可实现省、市级尺度人工林类型的年际变化监测及必要的预测预警，对于促进我国遥感在大尺度森林资源动态监测领域的推广应用具有重要意义。

成果来源："人工林资源监测关键技术研究"项目
联系单位：中国科学院空天信息创新研究院
通信地址：北京市朝阳区奥运村街道大屯路 3 号天地科学园区
邮　　编：100101
联 系 人：徐敏
电　　话：13720004134

机载激光雷达人工林结构参数多尺度提取技术

成果背景

精确获取人工林结构参数是实现人工林可持续经营的重要前提，也为掌握人工林的生长和竞争、评价其立地质量等提供重要参数。针对我国人工林结构参数提取精度低、时效性差及空间信息难落地等问题，系统建立了基于机载激光雷达技术的空—地立体、林分和单木尺度人工林结构参数监测体系，为人工林高质量培育及科学经营管理提供支撑。

技术要点与成效

（1）机载激光雷达人工林结构参数多尺度高精度提取。在单木尺度上，创建了一种基于激光点云与机器视觉理论的单木分割方法。针对树木点云的空间聚集特征，提出了一种高斯概率树冠点云识别算法。优化了通过估计激光脉冲丢失回波信号方式来改进机载激光雷达林分郁闭度参数提取的方法。创新了基于机载激光雷达和深度学习算法的林分尺度人工林结构参数反演方法。平均树高山地提取精度 92.1%，平原提取精度 92.3%；郁闭度山地提取精度 90.1%，平原提取精度 94.1%；蓄积量山地提取精度 85.5%，平原提取精度 90.2%。总体提升了 5% ～ 15%。

（2）多时相激光雷达人工林结构参数多尺度动态监测。在单木尺度上，提出一种顾及人工林三维激光雷达点云水平和垂直结构特征的级联式分层匹配方法。其中，针对单木局部范围垂直构造点云的配准，提出一种基于加权 Q- 范数的 ICP 改进算法，实现了可靠的高精度单木匹配。在林分尺度上，创新了优化径向基和深层神经网络相结合的蓄积量优化反演方法，创建了基于混合 Weibull 和多峰分布模拟的森林参数分布预测模型，实现了不同复杂度人工林结构参数及其分配状态的动态监测。单木匹配精度优于 0.1 m，蓄积量变化量提取精度 79.7% ～ 85.2%，总体提升了 5% 左右。

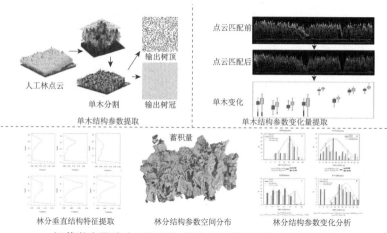

机载激光雷达人工林结构参数多尺度提取技术成果展示

应用效果

　　已应用于人工林资源调查及可持续经营管理相关业务，示范推广面积超过 1 万 hm²。在内蒙古赤峰旺业甸林场开展示范应用，生产了 2017 年和 2019 年的典型样区单木和林分结构参数产品。在广西南宁高峰林场开展示范应用，生产了 2018 年界牌分场、东升分场以及 2019 年全场范围内的典型样区单木和林分结构参数产品。在江苏国营东台市林场和邳州市铁富镇平原人工林区生产了林分结构参数产品。该技术已开发为可操作运行的软件系统，成熟度较高，可直接进行应用。

推广应用前景

适合我国山地和平原人工林地区，可实现树高、郁闭度、蓄积量、株数、胸径等精准提取，以及森林结构参数动态变化高空间分辨率制图，有效估算人工林的生产力及定量精确评价其固碳能力。该技术方法可节省大量人力、物力，也适用于自然保护地、国家森林公园、湿地等资源的调查与监测，具有广阔的产业化、业务化应用前景。

成果来源："人工林资源监测关键技术研究"项目
联系单位：南京林业大学
通信地址：江苏省南京市玄武区龙蟠路 159 号
邮　　编：210037
联 系 人：曹林
电　　话：13776658458

人工林三维可视化模拟技术

成果背景

面向人工林智能监管、经营规划、优化决策、科普教学等行业需求，以林业主管部门和行业外科普人群为重点服务对象，针对人工林结构参数三维表现方法不足、缺少基于林分空间结构与生长交互模型的林木动态生长模拟方法、三维环境内森林经营模拟缺少多目标条件约束等问题，研发人工林三维可视化模拟技术，为森林经营管理、智慧林业建设提供技术支撑。

技术要点与成效

（1）提出了基于多站地面激光雷达的树高测量数据矫正法，树高测量精度能达到98%以上，采用自适应差分算法拟合树干胸径模型，树干胸径测量精度平均为97%以上；结合LCCP与流行距离的K-means++算法，阔叶树三维激光点云数据叶片分割准确率达91.56%；建立以B样条曲线为基础的冠形曲线，构建树冠包络网格模型，并结合削度方程，构建了27种林木三维可视化模型。

（2）创建了基于林木空间结构单元的水平和垂直空间结构参数，构建了林木生长样本库，实现了林分生长动态可视化模拟，平均渲染帧速达80 FPS。建立了基于杉木生长样本库与模型剖分技术的杉木人工林动态生长模拟方法，实现了杉木胸径、树高、冠幅、活枝下高的动态生长模拟。

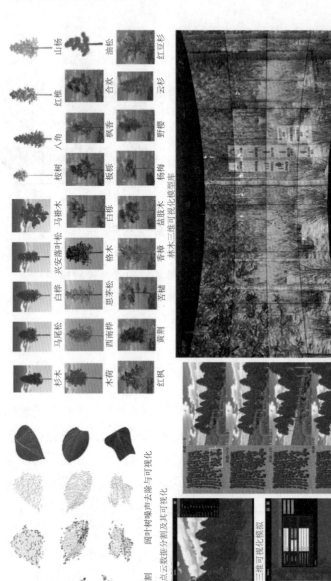

山杨　油松　红豆杉

红椎　合欢　云杉

八角　桉香　野樱

桉树　板栗　杨梅

马褂木　白桦　盐肤木

兴安落叶松　格木　香樟

白桦　思茅松　苦槠

马尾松　西南桦　黄荆

杉木　木荷　红枫

林木三维可视化模型库

阔叶树噪声去除与可视化

点云数据分割及其可视化

叶片点云分割

基于CAVE2平台的人工林三维可视化模拟系统

人工林生长动态三维可视化模拟

人工林结构三维可视化模拟

人工林多目标经营三维可视化模拟

人工林三维可视化模拟技术关键技术成果

（3）基于蒙特卡洛算法，构建了杉木人工林多目标优化函数Q(g)，以林分空间结构的改善和蓄积量增长为约束条件，对杉木人工林进行了不同间伐强度模拟；基于模拟退火算法（SAA）提出了一种约束条件下寻找森林经营最优解的策略，实现林分的生长与经营的动态交互；基于沉浸式虚拟现实CAVE2平台，实现了在考虑空间结构特征和目标胸径条件下的森林生长与经营过程，构建了林分结构优化调整的可视化模拟平台。

应用效果

已在湖南省、内蒙古等地示范应用，并支撑陕西省、贵州省、青海省、江西省等地的地方服务工作和林草虚拟现实与可视化模拟平台建设，累计服务达2 000次，极大提高了我国林业三维可视化模拟技术在国内外的影响力。该成果有利于促进林业部门及时、全面了解人工林资源和生态环境建设状况，实施科学决策，提高公众对林学和空间信息知识的认识水平。

推广应用前景

可以直接用于针对森林、公园、湿地、保护区等自然资源分布区域的三维场景模拟，同时能有效提升人工林动态生长三维模拟效率，可推广应用在林场管理、未来场景模拟等具体业务，对人工林智能化经营决策有重要的支撑作用。

成果来源："人工林资源监测关键技术研究"项目
联系单位：中国林业科学研究院资源信息研究所
通信地址：北京市海淀区东小府1号
邮　　编：100091
联 系 人：张怀清
电　　话：13651166672

人工林立地评价与生长收获预估技术

成果背景

现有人工林立地评价及生长收获预估技术普适性低，对林木的生长状况预测技术都是单维度的。研究人工林立地质量多维度评价技术、基于模型库的人工林生长收获与经济效益预估技术，开发林分生长收获预估软件系统，实现小班造林树种适宜性评价、立地质量评价和林分生长收获预估，可为人工林生长收获预估和培育经营作业法智能编制提供支持。

技术要点与成效

（1）人工林立地质量多维度评价技术。从森林资源数据库中提取小班立地因子和林分因子，从3个维度对小班立地条件进行评价。依托于专家系统中专家推理规则，通过立地因子推理出目标小班适宜种植的树种；利用模型库中的林分地位指数模型对现有林分优势树种的立地质量进行评价；利用模型库中的数量化地位指数模型通过立地因子对林地的立地质量进行评价。

（2）基于模型库的人工林生长收获与经济效益预估技术。根据目标小班的立地质量评价结果，利用模型库中存储的林木生长模型，对该小班的现有树种或适生树种的未来有限年内的潜在生长量、经济效益进行收获预估，从立地评价、林分生长收获、经济效益预估等多个角度为林业企业提供造林与经营作业法编制提供支持，提高了技术的普适性，降低了对用户的专业要求。

（3）林分生长收获预估系统。基于 C/S 模式，以年龄、密度、地位指数为自变量，对选择的造林树种和作业法，进行林分平均高、平均胸径、单位面积蓄积和经济效益预估，并将预估结果以生长收获表和收获曲线的方式展示。

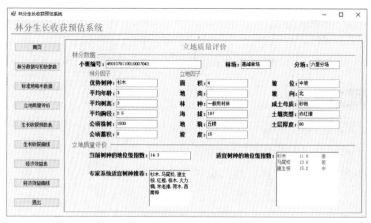

立地质量评价对话窗口

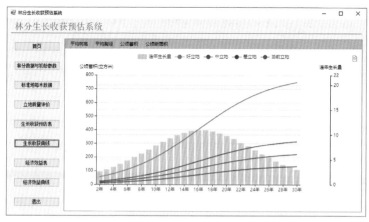

蓄积生长曲线评估结果页面

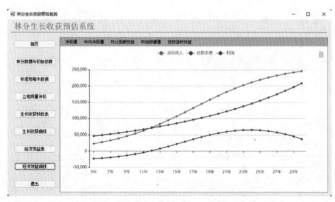

贷款造林效益收获曲线评估结果页面

应用效果

已在广西、福建等地进行了示范应用，为林场设计人员在进行人工林培育经营作业设计中的前期造林、中期抚育间伐、后期采伐等决策工作提供数据支撑，为林场的人工林培育经营作业法的科学编制决策提供了技术支撑。

推广应用前景

适用于我国人工用材林造林树种选择、潜在生长量评估、培育与经营作业法编制，可提高小班培育与经营作业法编制的科学性与自动化，将成为林业企业在人工林培育作业中的造林树种选择、潜在生长量评估、培育与经营作业法编制的有效工具。

成果来源："人工林资源监测关键技术研究"项目	
联系单位：北京林业大学	
通信地址：北京市海淀区清华东路 35 号	
联 系 人：苏晓慧	
电　　话：13810675309	
邮　　编：100083	

松材线虫病疫木无人机智能监测技术

成果背景

松材线虫是我国最重要的林业入侵生物，已造成重大生态灾害。及时判别和精准定位松材线虫病疫木，是有效控制松材线虫病的前提。传统的地面人工调查方式，存在成本高、时效性差、主观性强、效率低等问题，不适用于大面积调查，导致疫情监测数据失真失实。松材线虫病疫木无人机智能监测技术研发，为精准、快速监测松材线虫病提供了新的技术支撑。

技术要点与成效

（1）构建了树种识别与株数统计模型，准确提取混交林中阔叶树及针叶树，精度超90%，降低阔叶树对疫木监测的干扰。

（2）基于无人机正射图像，结合机器视觉及人工智能技术，创建了松材线虫病枯死木智能精准判别技术，自动识别感染松材线虫病的变色疫木，判别精度达90%。

（3）构建了松材线虫病疫木监测可视化网站，利用电脑或移动设备的浏览器在三维地图上直观查看松材线虫病疫情发生地区及疫木监测结果，包括图像和视频的采集时间、树种、疫木株数及坐标等，并可浏览该地区所有疫木检测框可视化图像。

该技术优化算法自动识别松材线虫病疫木，显著提升了监测效率和判别精度，可解决目前林业有害生物监测技术存在的人力物力成本高、监测周期长且准确率低等问题，为及时有效清理松材线虫病枯死木提供精准定位。

应用效果

已在湖南省张家界市、辽宁省抚顺市、山东省烟台市和威海市等地应用推广，监测准确率达90%，可大幅降低森防人员的工作量，能快速准确获取松材线虫病疫木数量及位置信息。

松材线虫病疫木判别结果图

推广应用前景

适用于全国松材线虫病疫区，以较低成本为各地区松材线虫适生区普查与后续疫木除治工作提供技术支撑和数据服务。同时可在松材线虫病前哨区，如吉林、甘肃等地区进一步推广应用，服务于"全国松材线虫病疫情防控五年攻坚行动计划"，有效遏制松材线虫病快速扩散态势，全面提升我国松材线虫病的防控水平。

成果来源："人工林重大灾害防控关键技术研究"项目

联系单位：北京林业大学

通信地址：北京市海淀区清华东路35号

邮　　编：100083

联 系 人：任利利

电　　话：010-62336840、13811074592

云南松小蠹灾害的遥感监测技术

成果背景

云南松林是我国西南地区森林生态系统的重要组成部分，但云南松林虫灾发生严重且监测水平薄弱。该成果以云南切梢小蠹和横坑切梢小蠹生态学特性为基础，以地面调查、无人机遥感和卫星遥感技术为主要监测手段，提供高水平、切实可行的云南松小蠹灾害遥感监测技术体系，为林业部门的防治工作提供技术支撑。

技术要点与成效

（1）构建了基于地面高光谱的云南松切梢小蠹不同危害时期的监测技术，检测精度达 84.38%，提出了树冠生理指标的反演模型和树冠受害程度识别模型。

（2）提出了反映针叶受害程度的枯黄指数（YI）及获取叶面积指数的方法 LAI-Mobile；提出了基于无人机摄影测绘技术—运动恢复结构（SfM）获取点云和树冠高程模型来精准分割云南松单木的技术。

（3）提出了适用于识别云南松切梢小蠹早期危害的高光谱指标和机器学习模型，构建了定量反演冠层受害梢率（SDR）的预测模型，袋外误差 14.94%，Kappa 系数为 0.88。

（4）构建了基于无人机高光谱和激光雷达的受害云南松冠层监测技术，使用 BP 神经网络实现了单株危害程度分类诊断，精度为

90.83%；改进了融合高光谱和激光雷达数据的云南松切梢小蠹早期监测模型，极大提高轻度受害木（SDR：11%～20%）和中度受害木（SDR：21%～50%）的预测精度（分别提高27.78%和30.00%）。

（5）明确了水分胁迫指数（MSI）可作为云南松林受害程度分级的依据；提出利用合成孔径雷达干涉（Interferometric Synthetic Aperture Rada，InSAR）影像对多云雨地区森林虫害危害程度进行监测的遥感手段。

应用效果

该技术已在云南省林业部门开展推广应用，在云南省玉溪市建立云南切梢小蠹灾害监测预警试验示范推广基地2.5万亩，精准监测受切梢小蠹危害的单木及林分，并对切梢小蠹虫灾进行有效的早期监测，实际应用效果良好。

推广应用前景

该成果在云南松小蠹发生区和潜在的高风险区具有极大的推广应用价值，对云南松切梢小蠹虫灾进行精准监测，为林业部门制定具体防治方案提供数据支撑，预防虫灾进一步发展和扩散，保障国家森林健康和生态安全，还可为其他生态林虫灾的监测提供借鉴，极大地提升了我国松林重大虫灾的监测预警水平。

成果来源："人工林重大灾害防控关键技术研究"项目

联系单位：北京林业大学

通信地址：北京市海淀区清华东路35号

邮　　编：100083

联 系 人：任利利

电　　话：010-62336840、13811074592

红脂大小蠹生态调控关键技术

成果背景

　　红脂大小蠹是我国严重危害松树的重大入侵害虫，原产北美洲，具有繁殖快、成灾快、传播快和致死快的特点，是全国林业检疫性有害生物，主要危害油

辽宁凌源红脂大小蠹严重危害林分

松、白皮松、华山松、樟子松等，已在山西、北京、河北等多地造成严重危害。

技术要点与成效

　　（1）创建了基于无人机高光谱和激光 LiDAR 的受害寄主识别技术，侵染木最佳监测窗口期为每年 7—8 月，研发了基于无人机的侵染木智能实时监测系统，将监测目标从红冠木提升到不同感病阶段的侵染木，实现了受害单株被侵染过程的实时检测、精准监测、受害等级识别。

　　（2）精准明确了红脂大小蠹的羽化出孔位置（树干 0 ～ 50 cm 高和从干基到距干基 100 cm 的地面）和诱捕落点规律（树干 0 ～ 100 cm 高和从干基到距干基 50 cm 的地面），改进了传统诱捕装置，自主开发了新型诱捕器，诱捕效果提高了 2 倍，构建了基于信息素的虫情动态监测技术体系。

　　（3）通过物种群落和景观的不同尺度，明确了害虫在新入侵地

的为害特性和时空特征，指导改进了树干基部围裙熏蒸的技术指标。

应用效果

该成果实现了红脂大小蠹灾害监测从"灾后评估"到"灾变监测"再到"早期监测"的转变，提升了监测防控的时效性。已在辽宁、河北、内蒙古、山西、陕西等多处红脂大小蠹发生地示范推广，取得显著的防控成效。

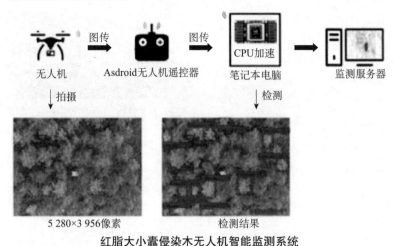

红脂大小蠹侵染木无人机智能监测系统

推广应用前景

该成果在红脂大小蠹发生区和潜在的高风险区具有极大的推广应用价值。

成果来源："人工林重大灾害防控关键技术研究"项目
联系单位：北京林业大学
通信地址：北京市海淀区清华东路 35 号
邮　　编：100083
联 系 人：任利利
电　　话：010-62336840、13811074592

红松和樟子松梢斑螟种群调控技术

成果背景

以梢斑螟为主的多种害虫，在东北地区导致大面积的樟子松断枝、折头、枯萎、死亡，使大量红松主干、枝梢和球果被害。针对致害种类不清、害虫生物生态学规律不明、监测技术缺乏、防控效果欠佳等行业重大需求，开发了红松和樟子松梢斑螟种群调控技术。

技术要点与成效

（1）明确了东北地区樟子松林致灾的梢斑螟有樟子松梢斑螟（*Dioryctria mongolicella*）和赤松梢斑螟（*D. sylvestrella*）；危害红松的梢斑螟属主要种类为冷杉梢斑螟（*D. abietella*）、微红梢斑螟（*D. rubella*）、果梢斑螟（*D. pryeri*）和赤松梢斑螟。发现与梢斑螟混合危害红松的油松球果小卷蛾（*Gravitarmata margarotana*）和小花尺蛾（*Eupithecia abietaria debrunneata*）。

（2）提出了简便、准确鉴定危害樟子松和红松的梢斑螟及其伴生的小卷蛾和尺蛾的成虫与幼虫的方法，准确率达100%。

（3）明确了上述主要害虫在东北地区的生活史、生物学习性和发生规律，特别是发现冷杉梢斑螟在东北地区一年发生2代，发现油松球果小卷蛾、冷杉梢斑螟和小花尺蛾均在土中化蛹，掌握了各种害虫在东北地区羽化高峰时间，明确了各种害虫种群调查监测技术，发生期和发生量监测准确率达 95% 以上。建立了以适时、精准、高效为核心的综合防治技术体系，防治效果达 80% 以上。

应用效果

已在黑龙江省鹤岗市、勃利县、宁安市、林口县等地应用，每年精准监测和高效防治 30 万亩以上。

推广应用前景

适宜在东北地区，推广到由梢斑螟属及其伴生种害虫，造成樟子松和红松的主干、枝梢、球果受害的林分，对这些害虫进行准确鉴定、监测和高效防控。

成果来源："人工林重大灾害防控关键技术研究"项目
联系单位：东北林业大学林学院
通信地址：黑龙江省哈尔滨市香坊区和兴路 26 号
邮　　编：150040
联 系 人：迟德富
电　　话：13313623236

落叶松尺蠖 NPV 病毒杀虫剂产品及持续防控技术

成果背景

　　落叶松尺蠖（*Erannis ankeraria* Staudinger）是危害落叶松针叶的重要害虫，近几年多地呈大面积的暴发。落叶松尺蠖核型多角体病毒杀虫剂，是防控落叶松尺蠖的生物产品之一，具有对害虫高效、对环境无污染、对天敌及非靶标生物安全等优点。该成果解决了落叶松尺蠖幼虫室内规模化饲养技术和病毒杀虫剂中试生产技术难题，实现了该病毒杀虫剂规模化生产；研发出病毒杀虫剂和林间应用技术，为落叶松尺蠖的持续防控提供新产品和新技术。

技术要点与成效

　　（1）研制出落叶松尺蠖幼虫人工饲料配方，解决幼虫室内大规模饲养技术难题。用该人工饲料饲养的幼虫成活率达 60% 以上，比天然饲料饲养的幼虫发育期缩短 16 天。室内大规模饲养幼虫的技术，为病毒杀虫剂规模化生产提供技术支撑。

　　（2）提出了落叶松尺蠖病毒杀虫剂室内规模化生产流程及技术规程。研制出落叶松尺蠖病毒杀虫剂，病毒含量为 2.5×10^9 OBs/mL。产品对 3 龄幼虫的生物活性 $LC_{50}=3.87 \times 10^4$ OBs/mL。

落叶松尺蠖人工饲料的研制及幼虫室内大规模饲养技术

落叶松尺蠖 NPV 病毒杀虫剂持续防控技术示范

应用效果

在内蒙古乌兰察布市应用示范 1 000 亩,防治效果达 87.5%,成灾率为 0.2%。相比与化学农药,该类杀虫剂的持续控制效果达 3 年以上。

推广应用前景

落叶松尺蠖核型多角体病毒杀虫剂不仅具有对靶标害虫高效、对环境和其他非靶标生物安全的优点,而且可以通过水平和垂直方式在寄主种群中进行传播和扩散,是持续防控害虫最有效和最安全的生物杀虫剂之一。该类杀虫剂适合于落叶松尺蠖发生区域，在幼虫期采用地面喷雾和飞机喷洒两种方式均可，具有大规模推广和应用的前景。

成果来源："人工林重大灾害防控关键技术研究"项目
联系单位：中国林业科学研究院森林生态环境与自然保护研究所
通信地址：北京市海淀区东小府1号
邮　　编：100091
联 系 人：王青华
电　　话：010-62889509、13810489465

绿僵菌新制剂持续防控桉树
食叶害虫技术

成果背景

随着桉树纯林的大面积营造，桉树食叶害虫的发生种类逐年增多、发生面积逐年扩大。其中，桉树尺蠖是发生面积最大、危害最为严重的一种食叶害虫。研发绿僵菌新制剂和桉树尺蠖蛹期防治新技术，为桉树食叶害虫的生物防治提供新资源和新技术。

技术要点与成效

（1）筛选出对油桐鹰尺蠖（桉树尺蠖）具有高致病力的绿僵菌菌株2株，室内致病力在90%以上。

（2）研发绿僵菌悬乳剂，含量50亿个孢子/mL，为桉树尺蠖防治提供了新剂型。该剂型由绿僵菌孢子粉、乳化剂、稳定剂、抗氧化剂等成分组成。绿僵菌悬乳剂中孢子的分散效果好、剂型稳定，林间试验防治效果达85%以上。

桉树尺蠖被绿僵菌感染状

绿僵菌悬乳剂

（3）研发出桉树尺蠖蛹期防治新技术。利用绿僵菌菌剂开展桉树尺蠖蛹期防治，防治效果达 84% 以上。

应用效果

在福建省漳浦县建立了以真菌制剂为主的桉树食叶害虫持续防控技术示范基地，利用成果中的绿僵菌制剂进行林间防治，食叶害虫防治效果达 85.2%，成灾率控制在 0.2% 以下。

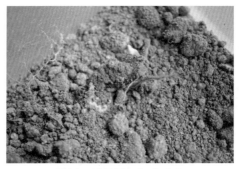

桉树尺蠖蛹被绿僵菌感染

推广应用前景

适合华南地区桉树及其他树种尺蠖等害虫的生物防治，适用范围广，防控效果较其他综合防治手段提高 10%。

成果来源："人工林重大灾害防控关键技术研究"项目
联系单位：福建省林业科学研究院
通信地址：福建省福州市晋安区上赤桥 35 号
邮　　编：350012
联 系 人：蔡守平
电　　话：13706949325

基于激光扫描的精准对靶变量喷雾技术与装备

成果背景

苗木的病虫害种类繁多，借用传统农业药械，对于树冠形状变化和株间有空档，会造成无效喷洒和农药浪费。该成果集成自动化、智能化、信息化技术，研制智能对靶变量喷雾机，考虑了苗木冠形结构及其树叶密度多变性的特点调整药液喷施量，提高农药有效利用率，解决苗木生物灾害无公害共性防控问题。

技术要点与成效

（1）提出了林木激光点云在线快速识别和分割技术，创新了基于树干定位的冠层体积特征获取方法和基于 MLS 测量系统的靶标叶面积计算方法，实现苗木冠形稀疏和稠密特征提取，靶标识别率大于 98%。

（2）建立了包括靶标参数 FIFO 和延时指针两个部件的自适应延时喷雾模型，自适应车速变化时的实时精准对靶喷雾。

（3）创新研制了精准对靶变量喷雾机（轴流式／离心式），集成激光扫描传感器、嵌入式控制器、五指风送式喷头、高频响应的电磁阀等部件，对激光扫描测距传感器采集的苗木树形数据进行分析、处理，结合车速信号，形成对靶标识别的三维信息，控制高频电磁阀组进行 PWM 开关动作，实现各喷头的变量喷雾，精确对靶率大于 96%。

离心式精确对靶喷雾机　　　　　轴流式精确对靶喷雾机

应用效果

精确对靶喷雾可实现精细化分层控制喷雾作业，根据树冠各分区体积实时精准控制喷雾量，实现靶标自动识别、实时在线计算，离心式喷雾幅宽达 32 m，轴流式喷雾幅宽达 16 m。该成果为苗木和经济林果的病虫害防治提供一种全新的先进技术准备，为农户增收和地方经济发展作出了积极贡献。

推广应用前景

该装备采用遥控作业方式，减少人员在喷雾环境中的暴露，实现喷雾全过程的智能化、无人化作业，在林业病虫害防治中保证操作者身心健康、减少农药使用量、提高农药使用效果和减轻农药环境污染，可适应于我国大部分果园苗圃的喷雾作业需求。

成果来源："人工林重大灾害防控关键技术研究"项目

联系单位：南京林业大学

通信地址：江苏省南京市龙蟠路 159 号

邮　　编：210037

联 系 人：周宏平

电　　话：13705186331

航空精准变量施药实时
监测技术与装备

成果背景

精准施药一直是林业有害生物防治的研究热点。目前，林业载人航空施药作业大多采用无差别的作业方式，作业过程依赖飞行员的主观判断，多喷、漏喷明显。该成果集成自动化、智能化、信息化技术，研制应用于杨树、松树、桉树等人工林的航空低量喷洒及监测系统，可根据不同的作业环境规划出单区域全覆盖航线和多区域调度航线，使施药作业航线最优，并对施药过程中的航线、航速、喷量、液位等施药信息进行实时监测及变量控制，实现农业航空的精准施药作业，解决人工林生物灾害无公害共性防控问题。

技术要点与成效

1. 技术要点

（1）基于 R44 直升机开发了林业航空施药区域三维全覆盖航线规划算法，以减小作业区域边界外喷雾航程长度为目标确定全覆盖喷雾航线，多余覆盖率小于 2.1%。

（2）开发了遗传—蚁群融合的林业多区域调度航线规划算法，实现直升机对施药多区域的作业顺序进行快速规划，得到最佳区域调度航线。

（3）开发了集 GPS 模块、流量传感器、液位传感器和大气压传感器等多传感器融合的航空变量施药监控系统，实现根据输入的地形与喷幅信息，自动规划出最优区域全覆盖施药航线和多区域调度航线，以及在施药过程中实时监测航迹、航高、航速、每公顷施药量、药液余量等信息，并根据施药参数的变化，无级调控施药流量，确保单位面积的施药量不变。

2. 技术成效

直升机 100 ~ 140 km/h 作业时，平均航迹偏差 1.8 m，平均航速监测误差 4.38%，平均流量监测误差 4.29%，液位监测误差 5.31%，每公顷施药量偏差小于 8.5%。

航空精准变量施药监控系统

应用效果

该成果应用于农林业病虫害的防治作业，累计作业林地面积达到 130 万亩，农田面积 110 万亩，防治效率达到 96%，有效地控制了树木病虫的危害，并且大大降低了防治成本。

推广应用前景

该成果配合直升机进行大范围精准施药作业，实现对航线、药物用量等参数的实时监控，尤其适用于大面积林区的快速、高效、精准病虫害综合防控。

成果来源："人工林重大灾害防控关键技术研究"项目

联系单位：南京林业大学

通信地址：江苏省南京市龙蟠路 159 号

邮　　编：210037

联 系 人：茹煜

电　　话：13951778251

人工林监测物联网信息采集装置

成果背景

单木胸径长期以来一直依赖于人工测量，测量周期长，难以获得直径生长的连续观测数据。近年来，虽然国外研发了商用直径自动测量装置，但是售价极其昂贵，须尽快国产化；树干水分无损检测传感器制作技术一直没有突破性进展；土壤参量的测量近年来多采用墒情系统，利用土壤水分和温度传感器测量不同层次的土壤状态。虽然能够实现连续观测，但是不同类型土壤、各种降雨条件下土壤含水量的准确稳定可靠测量仍是难题。

技术要点与成效

人工林监测物联网信息采集装置包括自主研发的单木直径测量传感器、树干水分传感器、人工林土壤剖面水分传感器、人工林土壤紧实度—水分复合传感器。

（1）自主提出了基于角度变化的直径测量方法，设计研发了基于角度变化的直径测量传感器，实现了单木胸径的连续、自动、准实时监测，测量分辨率为 1.9 μm，测量误差 1.2 mm，测量范围 30 ～ 600 mm。

（2）研发的树干水分传感器，实现了单木树干水分的实时、快速、准确测量，测量误差小于 0.4%。创新性设计了插针式与无损式两种不同结构的传感器。插针式适用于直径大于 10 cm 的树木；无损式首次采用双环形电极，适用于直径 3 ～ 10 cm 的树木。

（3）人工林土壤剖面水分传感器，可采集 2 ～ 5 m、8 ～ 10 层人工林土壤剖面水分，测量范围 0 ～ 100%，误差小于 ±2%，动态响应时间小于 2 s；人工林土壤紧实度、水分复合传感器，紧实度测量范围 0 ～ 2 000 kPa，误差小于 ±100 kPa。

单木直径测量传感器　　　　土壤剖面水分传感器

人工林监测物联网信息采集装置布设情况

应用效果

人工林土壤剖面水分传感器等设备已在内蒙古、天津、河北等地的生产苗圃进行了应用示范。

推广应用前景

单木直径测量传感器可用于林木生长的长期监测。活立木茎干水分传感器可实时监测活立木的生理水分变化，进而提取基于茎干含水率的活立木生命体征指标、健康指标，并为冻灾预警提供信息。

土壤传感器可用于探索林木需水特性。这些传感器可推广应用于智慧苗圃、智慧果园、用材林高效培育等领域。

成果来源："人工林资源监测关键技术研究"项目
联系单位：中国林业科学研究院资源信息研究所
通信地址：北京市海淀区东小府 1 号中国林业科学研究院 33 号信箱
邮　　编：100091
联 系 人：于新文
电　　话：13681441519
详细信息可查询：http://203.83.62.63:8028/piot/

便携式双目立体成像样地林木测量系统

成果背景

通过人工测量进行森林样地调查耗时费力、效率低、成本高，且精度受人为影响严重，已无法满足新形势下自然资源调查监测体系中对森林资源调查监测技术的要求。因此，亟须建立森林样地自动、高效、精细调查一体化解决方案，研发基于地基遥感探测的样地调查关键技术。为此，开发便携式近景摄影设备及配套数据采集和处理软件，为复杂森林场景下森林资源无损、快速、自动、精细、精准调查与动态监测提供支撑。

技术要点与成效

便携式双目立体成像样地林木测量系统包括便携式森林样地调查双目立体成像数据采集系统设备、数据采集与传输 App、样地三维模型重建与单木测树因子提取软件，为森林样地调查提供了一体化解决方案。

（1）研发了集智能手机、稳定云台、蓝牙控制器、数据采集与传输 App 于一体的便携式森林样地调查双目立体成像数据采集系统，克服了地形多变以及拍摄过程中相机姿态不稳定等问题，能够在 30 min 内完成对 25 m × 25 m 大小样地高重叠度立体相片序列获取与数据传输工作，实现了高郁闭度下的样地数据的快速获取。

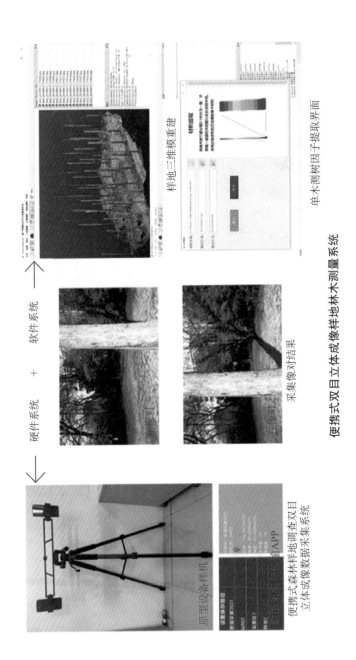

样地三维模型重建

单木测树因子提取界面

采集对像对结果

原型设备样机

便携式森林样地调查双目
立体成像数据采集系统

硬件系统 + 软件系统

便携式双目立体成像样地林木测量系统

（2）研发了样地三维模型重建与单木测树因子提取软件系统，提高复杂森林场景下三维重建率的同时降低了模型重建时间，样地单木胸径、树高、冠幅、材积等参数自动提取精度达到 90% 以上，实现了森林样地非接触、无损、高精度、自动、精准调查。

应用效果

该成果已在广西南宁市、内蒙古赤峰市以及北京市等不同林分特征区域推广应用，整体精度优于 90%，实现了单木参数的快速获取，极大提高了森林参数的提取精度和效率，缩短数据更新周期 50% 以上，可取代大部分森林样地人工调查工作，促进了林业调查信息化发展，具有巨大的推广价值。

推广应用前景

适用于复杂森林场景森林资源精细调查与动态监测业务，为林业资源调查提供了轻便、易用和高性价比的样地数据采集工具，能够大幅度提高森林样地调查的精度和效率。

成果来源："人工林资源监测关键技术研究"项目
联系单位：北京林业大学
通信地址：北京市海淀区清华东路 35 号
邮　　编：100083
联 系 人：张晓丽
电　　话：010-62336227

林业用背包式激光雷达

成果背景

　　应用现有背包式激光雷达进行林业调查，森林结构参数提取的精度受系统定位精度影响较大，特别是在森林覆盖密度高的地区，全球导航卫星系统（GNSS）获取卫星信号不稳定，导致整体测量精度降低。因此亟须引入惯性测量单元（IMU）与激光雷达融合的即时定位与建图（SLAM）技术，克服林下 GNSS 信号失锁的困难，进行林下定位与建图。但由于 IMU 在林下运动过程中会产生巨大的累积误差，需要进一步结合森林场景研究高精度识别位姿变化的算法，实现复杂林地环境下三维点云地图构建与定位，为精准林木参数提取提供数据支持。

技术要点与成效

　　（1）硬件部分由 2 个激光雷达模块、1 个 IMU 模块、1 个 GNSS 模块、1 个双目相机模块和 2 个真彩相机模块构成，激光雷达主要提供三维点云数据，IMU 主要提供 6 自由度的位置与姿态数据，GNSS 提供绝对坐标，双目相机提供深度图像信息，真彩相机主要提供 RGB 信息。

　　（2）软件部分在由 Linux 系统搭载的 ROS 机器人操作系统上开发，可实时运行 F-LIO-SAM 地图构建与定位算法，实现激光雷达点云高精度匹配。前端通过 IMU 提供的实时位姿数据对点云数据进行畸变矫正，后端采用图优化和回环检测技术来精确调整全局地图的里程计精度，最后构建整体三维点云地图。可以在单人操作下，10 min 以内采集完 20 m × 20 m 样地点云数据的采集，不需人工点云配准拼接，极大提高了数据采集效率。

背包激光雷达参数配置

参数	配置	参数	配置
尺寸	1 200 mm × 320 mm × 235 mm	LiDAR 传感器	VLP16 × 2
电池	10 000 mAh	LiDAR 精度	± 3 cm
存储	256G SSD	垂直视场角	0° ～ 360°
重量	8.3 kg	水平视场角	0° ～ 360°
工作时间	3 h（一块电池）	测量范围	100 m（100% 反射率）
		点云数量	30 万 / 秒

背包激光雷达林区数据采集参数

类型	指标		参数
林业测量环境下硬件性能参数	林下 100% 反射率扫描距离		≥ 50 m
	林下 50 m 处测距精度		≤ 30 mm
	林下相对定位误差		≤ 20 mm
林木参数提取精度参数	林木株数精度	平原地区	98.97%
		山区	97.65%
	林木胸径精度	平原地区	95.39%
		山区	91.21%

应用效果

　　已在广西南宁市、内蒙古赤峰市等地采集背包式激光雷达数据并生产了森林垂直结构参数产品，示范效果良好。

林业用背包式激光雷达设备和附件组成

推广应用前景

　　利用林业用背包激光雷达技术获取的高精度遥感数据，经进一步处理、分析可得到林分平均高、郁闭度、生物量、蓄积量等参数，可以减少人工调查工作量，提高林业资源调查的效率和准确度。特别是在人员难以到达的地区，可以大大提高作业效率。

成果来源：	"人工林资源监测关键技术研究"项目
联系单位：	东北林业大学工程技术学院
通信地址：	黑龙江省哈尔滨市香坊区和兴路 26 号
联 系 人：	邢艳秋
邮　　编：	150040
电　　话：	13946053718

缩写	英文名全称	对应中文名称
2,4-D	2,4-Dichlorophenoxyacetic Acid Hydrazide	2,4- 二氯苯氧乙酸
6-BA	6-Benzylaminopurine	6- 苄基氨基嘌呤
AgNO₃	Silver Nitrate	硝酸银
App	Application	应用程序
B	Boron	硼
BP	Back Propagation	反向传播算法
C/S	Client/Server	客户机 / 服务器
CaCO₃	Calcium Carbonate	碳酸钙、石灰石
CaO	Calcium Oxide	氧化钙、生石灰
CAVE	CAVE Automatic Virtual Environment	洞穴状自动虚拟系统
Cu	Cuprum	铜
DCR	DCR Medium	DCR 培养基
FIFO	First Input First Output	先入先出队列
FPS	Frames Per Second	每秒传输帧数
GA	Gibberellic Acid	赤霉素
GNSS	Global Navigation Satellite System	全球导航卫星系统
GPS	Global Positioning System	全球定位系统
H₂O₂	Hydrogen Peroxide	过氧化氢
IBA	3-Indolebutyric acid	吲哚 -3- 丁酸
ICP	Iterative Closest Point	最近点迭代算法
IMU	Inertial Measurement Unit	惯性测量单元
InSAR	Interferometric Synthetic Aperture Radar	合成孔径雷达干涉
ISO	Photosensibility	感光度

续表

缩写	英文名全称	对应中文名称
K	Kalium	钾
K-means	K-means Clustering Algorithm	K 均值聚类算法
KT	6-Furfurylaminopurine	6- 糠基腺嘌呤
LAI	Leaf Area Index	叶面积指数
LB	Luria-Bertani Medium	LB 培养基
LCCP	Locally Convex Connected Patches	局部凸链接打包
LiDAR	Light Detection and Ranging	激光雷达
LoRa	Long Range Radio	远距离无线电
MLS	Mobile Laser Scanning	移动激光扫描
MS	Murashige Skoog Medium	MS 培养基
MSI	Moisture Stress Index	水分胁迫指数
N	Nitrogen	氮
NAA	α-Naphthyl Acetic Acid	α- 萘乙酸
NaCl	Sodium Chloride	氯化钠
NDVI	Normalized Difference Vegetation Index	归一化植被指数
NPV	Nuclear Polyhedrosis Virus	核型多角体病毒
P	Phosphorus	磷
P_2O_5	Phosphorus Pentoxide	五氧化二磷
pH	Hydrogen Ion Concentration	氢离子浓度指数
PP_{333}	Paclobutraeol	多效唑
PPFD	Photosynthetic Photon Flux Density	光量子通量密度
PWM	Pulse Width Modulation	脉宽宽度调制
RGB	Red, Green, and Blue	红、绿、蓝三原色
RK	Regression Kriging	回归克里格方法
SAA	Simulate Anneal Arithmetic	模拟退火算法

缩写	英文名全称	对应中文名称
SAR	Synthetic Aperture Radar	合成孔径雷达
SDr	Red Edge Area	红边面积
SfM	Structure from Motion	运动恢复结构
SLAM	Simultaneous Localization and Mapping	即时定位与建图
SSD	Solid State Disk 或 Solid State Drive	固态硬盘
TDZ	Thidiazuron	苯基噻二唑基脲
YI	Yellowness Index	枯黄指数，也称黄度指数
Zn	Zinc	锌
ZT	Zeatin	玉米素